艺术设计 ARTDESIGN

国家示范性高等职业院校艺术设计专业精品教材

高职高专艺术学门类『十三五』规划教材

SHINEI ZHUANGSHI GONGCHENG ZAOJIA

室内装饰工程造价（第二版）

主 编 刘美英 蔺敬跃

副主编 颜文明 高瑞 孙芬

华中科技大学出版社
http://www.hustp.com
中国·武汉

图书在版编目(CIP)数据

室内装饰工程造价/刘美英,蔺敬跃主编.—2 版.—武汉:华中科技大学出版社,2016.8(2024.1 重印)
高职高专艺术学门类"十三五"规划教材
ISBN 978-7-5680-1867-8

Ⅰ.①室…　Ⅱ.①刘…　②蔺…　Ⅲ.①室内装饰-工程造价-高等职业教育-教材　Ⅳ.①TU723.3

中国版本图书馆 CIP 数据核字(2016)第 125288 号

室内装饰工程造价(第二版)　　　　　　　　　　　　　　　　　　　刘美英　蔺敬跃　主编
Shinei Zhuangshi Gongcheng Zhaojia

策划编辑:彭中军
责任编辑:史永霞
封面设计:孢子
责任监印:张正林
出版发行:华中科技大学出版社(中国·武汉)
　　　　　武昌喻家山　　邮编:430074　　电话:(027)81321913
录　排:武汉正风天下文化发展有限公司
印　刷:武汉科源印刷设计有限公司
开　本:880mm×1230mm　1/16
印　张:11.5
字　数:334 千字
版　次:2012 年 6 月第 1 版　2024 年 1 月第 2 版第 4 次印刷
定　价:39.00 元

国家示范性高等职业院校艺术设计专业精品教材

高职高专艺术学门类"十三五"规划教材

基于高职高专艺术设计传媒大类课程教学与教材开发的研究成果实践教材

编审委员会名单

国家示范性高等职业院校艺术设计专业精品教材

高职高专艺术学门类"十三五"规划教材

基于高职高专艺术设计传媒大类课程教学与教材开发的研究成果实践教材

组编院校（排名不分先后）

广州番禺职业技术学院	湖南大众传媒职业技术学院	天津轻工职业技术学院
深圳职业技术学院	黄冈职业技术学院	重庆城市管理职业学院
天津职业大学	无锡商业职业技术学院	顺德职业技术学院
广西机电职业技术学院	南宁职业技术学院	武汉职业技术学院
常州轻工职业技术学院	广西建设职业技术学院	黑龙江建筑职业技术学院
邢台职业技术学院	江汉艺术职业学院	乌鲁木齐职业大学
长江职业学院	淄博职业学院	黑龙江省艺术设计协会
上海工艺美术职业学院	温州职业技术学院	无锡工艺职业技术学院
山东科技职业学院	邯郸职业技术学院	湖南中医药大学
随州职业技术学院	湖南女子学院	广西大学农学院
大连艺术职业学院	广东文艺职业学院	山东理工大学
潍坊职业学院	宁波职业技术学院	湖北工业大学
广州城市职业学院	潮汕职业技术学院	重庆三峡学院美术学院
武汉商业服务学院	四川建筑职业技术学院	湖北经济学院
甘肃林业职业技术学院	海口经济学院	内蒙古农业大学
湖南科技职业学院	威海职业学院	重庆工商大学设计艺术学院
鄂州职业大学	襄樊职业技术学院	石家庄学院
武汉交通职业学院	武汉工业职业技术学院	河北科技大学理工学院
石家庄东方美术职业学院	南通纺织职业技术学院	江南大学
漳州职业技术学院	四川国际标榜职业学院	北京科技大学
广东岭南职业技术学院	陕西服装艺术职业学院	襄樊学院
石家庄科技工程职业学院	湖北生态工程职业技术学院	南阳理工学院
湖北生物科技职业学院	重庆工商职业学院	广西职业技术学院
重庆航天职业技术学院	重庆工贸职业技术学院	三峡电力职业学院
江苏信息职业技术学院	宁夏职业技术学院	唐山学院
湖南工业职业技术学院	无锡工艺职业技术学院	苏州经贸职业技术学院
无锡南洋职业技术学院	云南经济管理职业学院	唐山工业职业技术学院
武汉软件工程职业学院	内蒙古商贸职业学院	广东纺织职业技术学院
湖南民族职业学院	十堰职业技术学院	昆明冶金高等专科学校
湖南环境生物职业技术学院	青岛职业技术学院	江西财经大学
长春职业技术学院	湖北交通职业技术学院	天津财经大学珠江学院
石家庄职业技术学院	绵阳职业技术学院	广东科技贸易职业学院
河北工业职业技术学院	湖北职业技术学院	北京镇德职业学院
广东建设职业技术学院	浙江同济科技职业学院	广东轻工职业技术学院
辽宁经济职业技术学院	沈阳市于洪区职业教育中心	辽宁装备制造职业技术学院
武昌理工学院	安徽现代信息工程职业学院	湖北城市建设职业技术学院
武汉城市职业学院	武汉民政职业学院	黑龙江林业职业技术学院

前言
室内装饰工程造价（第二版）

QIANYAN

高职教育在国内已有十多年的实践经历，其人才培养目标与模式、课程体系与教学内容、实践实训教育等一直在不断的探索之中，各地各校都积累了丰富的经验，其中艺术设计教育也先后在各高职院校中生根开花，结出可喜的果实。现在许多高职院校都已开设了不同类型的艺术类专业，虽专业方向和人才培养目标大都相似或相近，但办学特色各有不同，在遵循职业教育规律的前提下，各自做着有益的探索。

与欧美发达国家相比，中国的职业教育还比较年轻。因为国情的不同和各校实际办学条件的差异性等因素，我国职业艺术教育的办学质量和人才培养水平还有一个很大的提高空间。无锡工艺职业技术学院自 2008 年起，在学院内实行项目式课程改革，摸索校企合作模式，积累专业改革与课程建设的经验，以此强化办学特色，提高人才培养质量和办学水平。环境艺术系的室内设计技术专业作为首轮试点专业进行了一系列的改革试验。

本次专业改革与课程建设的主要目标是以国家和江苏省"十二五"高职教育发展纲要为指导，通过三年建设，建立一套完整并符合行业发展规律的人才培养方案，并通过课程建设、师资队伍建设和实训实践条件建设，进一步提高人才培养质量，以满足建筑装饰行业对室内设计与施工专业人才的需求。其主要任务是改革人才培养模式，制订项目化课程体系，进行课程建设、人才培养质量体系建设、师资队伍建设、实训实践条件建设和社会服务能力建设等。

依照"合作办学，合作育人，合作就业，合作发展"的方针要求，我们自始至终密切联系行业与企业，在建设期中的各个环节，校企双方都共同参与了改革与建设工作，包括行业调研、制订改革与建设方案、岗位工作任务论证、职业能力分析、课程体系确立、课程标准制订与项目设计、课程实施和课程与教材建设等，这些工作倾注了行业与企业专家、专业教师们的大量心血。如今，建设工作已近尾声，我们在经历了这样一场全面的专业改革与课程建设工程后，对高职教育的认识、课程改革的内涵、校企合作的意义，以及自身观念和能力的提高等都有了切肤之感。

在系列建设项目中，教材建设是一项十分重要的内容。它来源于人才培养方案，并依据课程标准和项目设计而定。室内专业的岗位课程按照项目导向、任务驱动的特点而设计，力争做到课程标准与行业标准对接、学习内容与工作任务对接、学习环境与工作环境对接，使学生尽早熟悉真实的工作环境。在此基础上，我们制订了系列化的岗位课程教材建设计划，并明确了由行业、企业专家参与合作的要求，并对编写指导思想和编写体例等作了统一的要求。在行业、企业专家的密切配合下，经过两年多的讨论、编写、修改和编辑，出版了"高职高专艺术设计类'十二五'规划教材 室内设计专业项目化课程系列教材"。该系列教材以有实践经验的骨干教师为核心，行业、企业专家在总体设计和主要内容上重点把关，专业教师负责文稿撰写、图例配置等。该系列教材涵盖了室内设计专业各主干课程，强调学生实际应用能力的双向培养，注重体现以工作任务为基本参照点的项目化课程要求，以及以项目为单位组织教学内容的学习方式，试图把最有效的信息和最便捷的室内设计方法传授给学生。

经过四年的教学实践，我们在第一版教材的基础上，总结经验和不足，结合《江苏省建筑与装饰工程计价定额(2014版)》，对教材进行了大幅度修订和完善，力求保持教学与行业的无缝对接。

作为对课程建设和教学实践成果的总结，我们有信心，这个系列教材在形式和内容设计上，在项目化课程教学上都是一个有益的尝试，并能获得学生和企业的认同。同时，也真诚希望大家提出宝贵建议，帮助我们进一步完善该系列教材。

徐　南

2016 年 4 月 18 日于江苏宜兴溪隐小筑

目录

室内装饰工程造价（第二版）

MULU

基础认知

ShiNeiZhuang**S**hi

Gong**C**heng **Z**aojia

一、建筑装饰工程的概念及项目划分

1. 建筑装饰工程的概念

建筑装饰工程是房屋建筑工程装饰或装修活动的简称，是运用一定的物质和技术手段，凭借一定的经济实力，以科学为功能基础，以艺术为表现形式，根据对象所处的特定环境，对内部空间进行创造与组织的理性活动，形成安全、卫生、舒适和优美的内部环境，以满足人们物质与精神功能的需求，即运用装饰装修材料对建筑物或构筑物的内外表面及空间进行美化修饰的工程技术活动，是使建筑的物质功能和精神功能得以实现的关键。在土建工程质量基本同质化的时代，建筑装饰的质量对建筑的品位和档次起着决定性的作用。

建筑装饰工程的主要作用有三点：保护建筑物的主体结构；改善建筑物的使用条件；美化建筑物的内外空间，创造美观舒适、整洁的生活和工作环境。按装饰部位分类，室内装饰一般分为楼地面工程、墙柱面工程、天棚工程、门窗工程等。

建筑装饰工程不同于其他建设工程，其特点在于：装饰形式多样，装饰工艺复杂，装饰材料品种繁多，新材料、新工艺使用率很高且价格差异大。建筑装饰工程的特点主要概括为以下三个方面。

1）单件性

每个建筑的装饰工程在形式、工艺、材料、数量上都各不相同，所以必须对每个建筑装饰工程造价进行分别计算。

2）新颖性

建筑装饰的生命力在于不重复、有新意。建筑装饰通过采用不同的风格进行造型，采取不同的文化背景和文化特色进行构图，采用不同的装饰材料和施工工艺进行装饰，使建筑空间具有不同的使用功能和气质特点，从而达到建筑装饰装修的目的。

3）固定性

建筑装饰工程必须附着于建筑物主体结构之上，而建筑物必然固定于某一地点。这一客观事实决定了建筑装饰工程要受到当地气候、资源条件的影响和制约，即使相同装饰内容的工程由于建在不同的地点上，工程造价也会有很大差别。

2. 建筑装饰工程项目与建设项目的划分

建筑装饰工程具有单件性、新颖性和固定性等特点，因此，不能以整个建筑物的装饰工程作为计价的对象。可以采用对一个内容多、项目较繁杂的建筑装饰工程进行逐步分解的方法，将其分解成较为简单、具有统一特征、可以用较为简单的方法来计算其劳动消耗的基本项目，即将整个装饰工程层层分解，分解成分项工程项目，然后再进行计价。按照上述思路分解建筑装饰工程项目，就能达到统一建筑装饰工程价格水平的目的，从而解决因其特性而带来的定价困难问题。

对建筑装饰工程的层层分解，可以通过对建设项目划分的过程来描述和理解。

建设项目按照其建设管理和建设产品定价的需要，一般可以依次划分为单项工程、单位工程、分部工程和分项工程等层次，如图0-1所示。

1）建设项目

建设项目一般是在一个总体设计范围内由一个或几个单项工程所组成的。它具体是指在经济上实行独立核算，行政上实行统一管理、具有独立法人资格的企事业单位的建设活动。只要符合这些条件，都可称为一个建设项目，例如，一座工厂、一所大学。

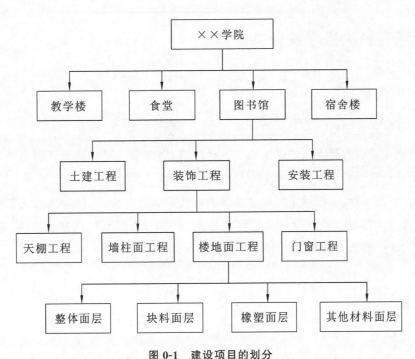

图 0-1　建设项目的划分

2）单项工程

单项工程是建设项目的组成部分。它是指具有独立的设计文件、竣工后可以独立发挥生产能力或使用效益的工程。例如，一所大学的教学大楼、办公大楼、图书馆、宿舍，它们分别为独立的单项工程。

3）单位工程

单位工程是指具有独立的设计文件，能进行独立施工，但建成后不能独立发挥生产能力或使用效益的工程。例如，一栋大楼或一个房间的土建工程、装饰工程、电气照明工程、给排水工程等，它们都是独立的单位工程。

4）分部工程

分部工程是单位工程的组成部分，一般按工种、工艺、部位及费用性质等因素来划分。以 2002 年颁发的《全国统一建筑装饰装修工程消耗量定额》(GYD 901—2002)为例，建筑装饰工程的分部工程划分为：①楼地面工程；②墙柱面工程；③天棚工程；④门窗工程；⑤油漆、涂料、裱糊工程；⑥其他工程；⑦装饰装修脚手架及项目成品保护费；⑧垂直运输及超高增加费。

5）分项工程

分项工程是分部工程的组成部分。按照分部工程的划分原则，再进一步将分部工程划分为若干个分项工程。例如，天棚工程可以划分为石膏板吊顶、塑料扣板吊顶、矿棉板吊顶、铝合金彩条板吊顶等。

分项工程划分的粗细程度，视具体编制预算的要求而定。在实际操作中，一般以单位工程为对象来计算工程造价。由于各个建筑装饰工程在数量和内容上并不完全相同，为了解决客观上建筑装饰工程价格水平一致的要求，在工程计价的过程中，我们要把每个工程分解到最基本的构造要素——分项工程后，再进行计价。

任何一项建筑装饰工程都可以分解成若干个分项工程。我们只要根据施工图的要求，以分项工程为对象计算装饰工程量和工程造价，再将分项工程造价汇总为分部工程造价，然后把分部工程造价汇总为单位工程造价，就能较好地解决各个建筑装饰工程内容不同而又要求其价格水平保持一致的矛盾。

二、建筑装饰工程造价的概念及分类

（一）工程造价的含义

工程造价本质上属于价格范畴。在市场经济条件下，工程造价有两种含义。

第一种含义是从项目建设角度提出的建设项目工程造价，是指有计划地建设某项工程，预计开支或实际开支的全部固定资产投资和流动资产投资的费用。简单来说，工程造价就是工程投资费用。

第二种含义是从工程交易或工程承发包角度提出的建筑安装工程造价，是指为建设某项工程，预计或实际在土地市场、设备市场、技术劳务市场、承包市场等交易活动中，形成的工程承发包价格，即工程的交易价格。它是一个狭义的概念，是在建筑市场通过招投标，由需求主体——投资者和供给主体——建筑商共同认可的价格。

（二）工程造价的特点

1. 工程造价的大额性

要发挥工程项目的投资效用，其工程造价都非常高，动辄数百万数千万，特大的工程项目造价可达数百亿元人民币。

2. 工程造价的个别性和差异性

任何一项工程都有特定的用途、功能和规模，因此，对每一项工程的结构、造型、空间分割、设备配置和内外装饰等都有具体的要求，工程内容和实物形态都具有个别性和差异性。产品的差异性决定了工程造价的个别性和差异性。同时，每期工程所处的地理位置不同，使工程造价的差异性特点得到强化。

3. 工程造价的动态性

任何一项工程从决策到竣工交付使用，都有一个较长的建设期，在建设期内，往往由于一些不可控制的因素，形成许多影响工程造价的动态因素。例如，设计变更，材料价格、设备价格、工资标准及取费费率的调整，贷款利率、汇率的变化等因素，都必然会影响到工程造价的变动。所以，工程造价在整个建设期处于不确定状态，直至竣工决算完成才能最终确定工程的实际造价。

4. 工程造价的层次性

工程造价的层次性取决于工程的层次性。一个建设项目往往包含多项能够独立发挥生产能力和工程效益的单项工程，一个单项工程又由多个单位工程组成。与此相适应，工程造价有三个层次：建设项目总造价、单项工程造价和单位工程造价。如果专业分工更细，分部、分项工程也可以作为承发包的对象，如大型土方工程、桩基础工程、装饰工程等。这样，工程造价的层次因增加分部工程和分项工程而成为五个层次。即使从工程造价的计算程序和工程管理角度来分析，工程造价的层次也是非常明确的。

5. 工程造价的兼容性

工程造价的兼容性首先表现在它本身具有的两种含义上，其次表现在工程造价构成的广泛性和复杂性上。工程造价除建筑安装工程费用、设备及工器具购置费用外，征用土地费用、项目可行性研究费用、规划设计费用、与一定时期政府政策（产业和税收政策）相关的费用也占有相当大的份额。赢利的构成较为复杂，资金成本较大。

（三）工程造价的职能

1. 预测职能

由于工程造价具有大额性和动态性，无论是投资者还是承包商，都要对拟建工程进行预先测算。投资者预先测算的工程造价，不仅可以作为项目决策的依据，同时也是筹集资金、控制造价的依据。承包商对工程造价的测算，既为投标决策提供依据，也为投标报价和成本管理提供依据。

2. 控制职能

工程造价的控制职能表现在两个方面：一方面是对投资的控制，即在投资的各个阶段，投资者根据对造价的多次预估，对造价进行全过程、多层次的控制；另一方面是对以承包商为代表的商品和劳务供应企业的成本控制。在价格一定的条件下，企业的实际成本决定企业的赢利水平。成本越高，赢利水平越低。成本过高，就会危及企业的生存。所以，企业要以工程造价来控制成本，以工程造价提供的信息资料作为控制成本的依据。

3. 评价职能

工程造价是评价总投资和分项投资效益的主要依据之一。在评价土地、建筑安装产品和设备价格的合理性时，必须利用工程造价资料；在评价建设项目的偿贷能力、获利能力和宏观效益时，也要依据工程造价。此外，工程造价也是评价建筑安装企业管理水平和经营成果的重要依据。

4. 调节职能

工程造价直接关系到经济增长，也直接关系到国家重要资源的分配和资金流向，对国计民生会产生重要影响。

（四）工程造价的分类

由于建设工程施工周期长，并且是分阶段进行的，为适应各施工阶段的造价控制与管理，相应地要在不同阶段分别计价。多次计价实际上是一个逐步深化与细化、逐步接近实际造价的过程。工程造价一般可分为投资估算、设计概算、施工图预算、施工预算和竣工决算五种形式。

1. 投资估算

投资估算是在项目投资决策过程中，依据现有的资料和特定的方法，对建设项目的投资数额进行的估计。它是项目建设前期编制项目建议书和可行性研究报告的重要组成部分，是项目决策的重要依据之一。投资估算的准确与否不仅影响到可行性研究工作的质量和经济评价结果，而且也直接关系到下一阶段设计概算和施工图预算的编制。此外，它对建设项目资金筹措方案也有直接的影响。因此，全面、准确地估算建设项目的工程造价，是可行性研究乃至整个决策阶段造价管理的重要任务。

2. 设计概算

设计概算是建设项目初步设计文件的重要组成部分。它是在投资估算的控制下，由设计单位根据初步设计或扩大初步设计的图纸及说明，利用国家或地区颁发的概算指标、概算定额或综合指标预算定额、设备材料预算价格等资料，按照设计要求，概略地计算建筑物或构筑物造价的文件。其特点是编制工作相对简略，无须达到施工图预算的准确程度。

设计概算既是编制建设项目投资计划、确定和控制建设项目投资的依据，也是签订建设工程合同和贷款合同的依据。此外，设计概算还是控制施工图设计和施工图预算，衡量设计方案技术经济合理性和选择最佳设计方案，考核建设项目投资效果的依据。

3. 施工图预算

施工图预算是在施工图设计完成后、工程开工前，根据已批准的施工图纸、现行的预算定额、费用定额和地区人工、材料、设备与机械台班等资源价格，在施工方案或施工组织设计已大致确定的前提下，按照规定的计算程序计算各项费用，确定单位工程造价的技术经济文件。

施工图预算作为建设工程建设程序中一个重要的技术经济文件，不论是对于投资方来说还是对于施工企业来说，甚至是对于工程咨询和工程造价管理部门来说，在工程建设实施过程中，具有十分重要的作用。

对于投资方来说，施工图预算的作用主要体现在以下三个方面。

（1）施工图预算是控制造价及资金合理使用的依据。施工图预算确定的预算造价是工程的计划成本，投资方按施工图预算造价筹集建设资金，并控制资金的合理使用。

（2）施工图预算是确定工程招标控制价的依据。在设置招标控制价的情况下，建筑安装工程的招标控制价可按照施工图预算来确定。招标控制价通常是在施工图预算的基础上考虑工程的特殊施工措施、工程质量要求、目标工期、招标工程范围及自然条件等因素进行编制的。

（3）施工图预算是拨付工程款及办理工程结算的依据。

对于施工企业来说，施工图预算的作用主要体现在以下五个方面。

（1）施工图预算是施工企业投标时"报价"的参考依据。在激烈的市场竞争中，施工企业需要根据施工图预算造价，结合企业的投标策略，确定投标报价。

（2）施工图预算是工程预算包干的依据和签订施工合同的主要内容。在采用总价合同的情况下，施工企业通过与建设单位的协商，可在施工图预算的基础上，考虑设计或施工变更后可能发生的费用与其他可能的风险因素，增加一定系数作为工程造价一次性包干。同样，施工企业与建设单位签订合同时，其中的工程价款相关条款也必须以施工图预算为依据。

（3）施工图预算是施工企业调配施工力量、组织材料供应的依据。施工单位各职能部门可根据施工图预算，编制劳动力供应计划和材料供应计划，并由此做好施工前的准备工作。

（4）施工图预算是施工企业控制成本的依据。根据施工图预算确定的中标价格是施工企业收取工程款的依据，企业只有合理利用各项资源，采取先进的技术和管理方法，将成本控制在施工图预算价格之内，才会获得良好的经济效益。

（5）施工图预算是进行"两算"对比的依据。施工企业可以通过施工图预算和施工预算的对比分析，找出差距，采取必要的措施。

4. 施工预算

施工预算是施工单位内部编制的一种预算。目的是使施工阶段在施工图预算的控制下，根据施工图计算的工程量、施工定额、单位工程施工组织设计等资料，合理地控制完成一个单位工程或其中的分部工程所需的人工、材料、机械台班消耗量及其相应费用。它是施工企业进行工料分析、下达施工任务和进行施工成本管理的依据。

5. 竣工决算

竣工决算又称竣工成本决算，是以实物数量和货币指标为计量单位，综合反映竣工项目从筹建开始到项目竣工交付使用为止的全部建设费用、投资效果和财务情况的总结性文件，是考核建设成本的重要依据。通过竣工决算，既能够正确反映装饰工程的实际造价和投资结果，又可以通过竣工决算与概算、预算的对比分析，考核投资控制的工作成效，为工程建设提供重要的技术经济方面的基础资料，提高未来工程建设的投资效益。

（五）建筑装饰工程造价的概念

建筑装饰工程造价这门学科涉及比较广泛的经济理论和政策，以及一系列的技术、组织和管理因素，如建筑识图、房屋构造、装饰材料与施工工艺等相关知识。

通常，建筑装饰工程造价是指工程的建造价格，即工程承发包价格，也就是指工程预算价格。这种价格是通过建筑市场建设项目的招投标，由投资者与中标企业，即业主与承包商共同商量而确定的价格。

三、工程造价管理

我国的工程造价管理体制建立于中华人民共和国成立初期，当时实行与计划经济相适应的概预算定额制度。随着我国经济水平的提高和经济结构的日益复杂，计划经济的内在弊端逐步暴露出来，传统的与计划经济相适应的概预算定额管理，实际上是用来对工程造价实行行政指令的直接管理，遏制了竞争，抑制了生产者和经营者的积极性与创造性。市场经济虽然有其缺点和消极的方面，但能适应不断变化的社会经济条件而发挥优化资源配置的基础性作用。因而，在总结多年建筑市场招投标经验的基础上，由"统一量，指导价，竞争费"到工程量清单模式，逐步形成了"政府宏观调控，企业自主报价，市场形成价格，加强市场监管"的工程造价管理模式。

（一）工程造价管理的含义

工程造价管理有两种含义：一是建设工程投资费用管理；二是工程价格管理。工程造价计价依据的管理和工程造价专业队伍建设的管理则是为这两种管理服务的。

建设工程投资费用管理属于工程建设投资管理范畴。工程建设投资费用管理，是指为了实现投资的预期目标，在遵照撰写的规划、设计方案的条件下，预测、计算、确定和监控工程造价及其变动的系统活动。

工程价格管理属于价格管理范畴。在微观层次上，它是生产企业在掌握市场价格信息的基础上，为实现管理目标而进行的成本控制、计价、定价和竞价的系统活动；在宏观层次上，它是政府根据社会经济的要求，利用法律手段、经济手段和行政手段对价格进行管理和调控，以及通过市场管理规范市场主体价格行为的系统活动。

（二）工程造价管理的意义和目的

我国是一个资源相对缺乏的发展中国家，为了保持适当的发展速度，需要投入更多的建设资金，而筹措资金很不容易也很有限。因此，从这一基本国情出发，如何有效地利用投入建设工程的人力、物力、财力，以尽量少的劳动和物质消耗，取得较高的经济效益和社会效益，保持我国国民经济持续、稳定、协调发展，就成为十分重要的问题。

工程造价管理的目的不仅在于控制项目投资不超过批准的造价限额，更在于坚持倡导艰苦奋斗、勤俭建国的方针，从国家的整体利益出发，合理利用人力、物力、财力，取得最大的投资效益。

我国工程造价管理体制改革的最终目标是逐步建立以"市场形成价格"为主的价格机制。

（三）工程造价管理的组织

工程造价管理的组织是指为了实现工程造价管理目标而进行的有效组织活动，以及与造价管理组织功能相关的有机群体，具体来说，主要是指国家、地方、机构和企业之间管理权限及职责范围的划分。

（四）工程造价管理的内容

工程造价管理包括工程造价的合理确定和有效控制两个方面。

工程造价的合理确定，就是在工程建设的各个阶段，采用科学的计算方法和切实的计价依据，合理确定投资估算、设计概算、施工图预算、承包合同价、结算价、竣工决算。

工程造价的合理确定是控制工程造价的前提和先决条件。没有工程造价的合理确定，也就无法进行工程造价控制。

工程造价的有效控制是指在投资决策阶段、设计阶段、建设项目发包阶段和建设实施阶段，把建设工程造价的发生控制在批准的造价限额之内，随时纠正发生的偏差，以保证项目管理目标的实现，以求在各个建设项目中能合理利用人力、物力、财力，从而取得较好的投资效益和社会效益。

（五）工程造价咨询服务

工程造价咨询企业是指依法取得工程造价咨询企业资质证书，接受委托对建设项目投资、工程造价的确定与控制提供专业咨询服务的企业。其资质等级分为甲级和乙级，甲级工程造价咨询企业可以从事各类建设项目和工程造价咨询业务，乙级工程造价咨询企业可以从事工程造价 5 000 万元人民币以下的各类建设项目的工程造价咨询业务。工程造价咨询企业在从事工程造价咨询活动时，应当遵循独立、客观、公正、诚实信用的原则，不得损害社会公共利益和他人的合法权益。

我国工程造价咨询业是随着市场经济体制的建立而逐步发展起来的。在计划经济时期，国家以指令性的方式进行工程造价管理，并且培养和造就了一大批工程造价人员。20 世纪 90 年代中期以后，投资多元化以及《中华人民共和国招标投标法》（以下简称《招标投标法》）的颁布实施，使工程造价更多的是通过招标投标竞争定价的。在这种市场环境下，客观上要求有专门从事工程造价管理咨询的机构提供专业化的咨询服务。

（六）造价工程师执业资格制度

1996 年 8 月，人事部、建设部联合发布了《造价工程师执业资格制度暂行规定》，2000 年 1 月 21 日，建设部颁发了《造价工程师注册管理办法》（第 75 号令），规定我国造价工程师实行执业资格考试和执业注册登记两种制度，明确国家在工程造价领域实施造价工程师执业资格制度。制度规定：凡从事工程建设活动的建设、设计、施工、工程造价咨询、工程造价管理等的单位和部门，必须在计价、评估、审核（查）、控制及管理等岗位配备有造价工程师执业资格的专业技术人员。

注册造价工程师，是指通过全国造价工程师执业资格统一考试或者资格认定、资格互认，取得中华人民共和国造价工程师注册执业证书和执业印章，从事工程造价活动的专业人员。未取得注册证书和执业印章的人员，不得以造价工程师的名义从事工程造价活动。

1. 造价工程师执业资格考试

造价工程师执业资格考试实行全国统一大纲、统一命题、统一组织的办法，原则上每年举行一次。凡中华人民共和国公民，遵纪守法并具备以下条件之一者，均可申请参加造价工程师执业资格考试。

（1）工程造价专业大专毕业，从事工程造价业务工作满 5 年；工程或工程经济类大专毕业，从事工程造价业务工作满 6 年。

（2）工程造价专业本科毕业，从事工程造价业务工作满 4 年；工程或工程经济类本科毕业，从事工程造价业务工作满 5 年。

（3）获上述专业第二学士学位或研究生班毕业和获硕士学位，从事工程造价业务工作满 3 年。

（4）获上述专业博士学位，从事工程造价业务工作满 2 年。

通过造价工程师执业资格考试合格者，由省、自治区、直辖市人事（职改）部门颁发造价工程师执业资格证书,该证书全国范围内有效,并作为造价工程师注册的凭证。

造价工程师执业资格考试分四个科目:工程造价管理基础理论与相关法规、工程造价计价与控制、建设工程技术与计量、工程造价案例分析。其中,建设工程技术与计量分为"土建"与"安装"两个子专业,报考人员可根据工作实际选报其一。

2. 造价工程师须知

依据《注册造价工程师管理办法》(建设部令第 150 号,自 2007 年 3 月 1 日起施行)第三章,通过全国造价工程师执业资格统一考试或者资格认定、资格互认,取得中华人民共和国造价工程师执业资格,并取得中华人民共和国造价工程师注册执业证书和执业印章,从事工程造价活动的专业人员(以下简称注册造价工程师),享有下列权利和义务。

注册造价工程师享有下列权利:

① 使用注册造价工程师名称;

② 依法独立执行工程造价业务;

③ 在本人执业活动中形成的工程造价成果文件上签字并加盖执业印章;

④ 发起设立工程造价咨询企业;

⑤ 保管和使用本人的注册证书和执业印章;

⑥ 参加继续教育。

注册造价工程师应当履行下列义务:

① 遵守法律、法规、有关管理规定,恪守职业道德;

② 保证执业活动成果的质量;

③ 接受继续教育,提高执业水平;

④ 执行工程造价计价标准和计价方法;

⑤ 与当事人有利害关系的,应当主动回避;

⑥ 保守在执业中知悉的国家秘密和他人的商业、技术秘密。

此外,注册造价工程师应当在本人承担的工程造价成果文件上签字并盖章。

修改经注册造价工程师签字盖章的工程造价成果文件,应当由签字盖章的注册造价工程师本人进行;注册造价工程师本人因特殊情况不能进行修改的,应当由其他注册造价工程师修改,并签字盖章;修改工程造价成果文件的注册造价工程师对修改部分承担相应的法律责任。

注册造价工程师不得有下列行为:

① 不履行注册造价工程师义务;

② 在执业过程中,索贿、受贿或者谋取合同约定费用外的其他利益;

③ 在执业过程中实施商业贿赂;

④ 签署有虚假记载、误导性陈述的工程造价成果文件;

⑤ 以个人名义承接工程造价业务;

⑥ 允许他人以自己名义从事工程造价业务;

⑦ 同时在两个或者两个以上单位执业;

⑧ 涂改、倒卖、出租、出借或者以其他形式非法转让注册证书或者执业印章;

⑨ 法律、法规、规章禁止的其他行为。

造价工程师注册的有效期为 3 年。

（七）造价员执业资格制度

目前,我国工程造价专业技术人员由两部分组成:一部分是获得国家执业资格,并经注册的造价工程师;一部分是经过地方省建设行政主管部门或国家专业机械培训、考试获得建设工程造价员资格证书的从业人员。为加强工程造价专业队伍的管理,规范工程造价从业行为,提高队伍整体素质,确保工程造价文件的编制质量,维护建设市场秩序,建设部于 2005 年印发了《关于由中国建设工程造价管理协会归口做好建设工程概预算人员行业自律工作的通知》(建标[2005]69 号),决定由中国建设工程造价管理协会对全国从事建设工程概预算的人员实行行业自律管理,建设部标准定额司负责工程概预算人员管理的指导监督工作。

建设工程造价员是指经过全省统一考试合格,取得全国建设工程造价员资格证书,从事工程造价业务活动的人员。全国建设工程造价员资格证书是造价员从事工程造价业务资格和专业水平的证明。在省级造价员管理方面,各省之间有一定的差别,比如有些省造价员不分等级,而江苏省造价员专业水平分初级、中级、高级三个等级。在专业划分上,有些省造价员和国家造价员一样,分属土建和安装两个专业,有些省则划分得更细一些,如江苏省造价员分属土建、装饰、安装和市政四个专业。

1. 造价员执业资格考试

取得造价员初、中级水平资格证需通过全省组织的统一考试。造价员资格考试一般每两年举行一次。考试内容为工程造价基础知识和工程计量与计价实务(案例)两个科目。高级水平资格证的取得则采取本人申请,单位推荐,案例考试,省评审委员会认定相结合的方式进行。造价员资格考试合格者,由各省管理机构颁发由中国建设工程造价管理协会统一印制的全国建设工程造价员资格证书及专用章。

凡遵纪守法,恪守职业道德,无不良从业记录,年龄在 60 周岁以下者,可按以下条件申请报考。

报考初级水平应具备下列条件之一:

① 工程造价专业中专及以上学历;

② 其他专业中专(或高中)及以上学历,从事工程造价工作满 1 年。

报考中级水平应具备下列条件之一:

① 取得初级水平证书,近 2 年至少有 2 项工程造价方面的业绩;

② 具有工程造价专业或工程经济专业大专及以上学历,从事工程造价工作满 2 年。

申报高级水平应同时具备下列条件:

① 具有中级造价员资格 4 年以上;

② 具有中级以上技术职称;

③ 近两年在工程造价编审、管理、理论研究、著书教学等方面有显著业绩。

2. 造价员从业

造价员受聘于一个工作单位,并可以从事以下与专业水平相符合的工程造价业务。

高级水平:可以从事各类建设项目相关专业工程造价的编制、审核和控制;

中级水平:可以从事工程造价 5 000 万元人民币以下建设项目的相关专业工程造价的编制、审核和控制;

初级水平:可以从事工程造价 1 500 万元人民币以下建设项目的相关专业工程造价的编制。

造价员应当在本人承担的相关专业工程造价业务文件上签名和盖造价员专用章,并承担相应的岗位责任。

3. 造价员自律管理

造价员应遵守国家法律、法规和行业技术规范,维护国家和社会公共利益,恪守职业道德,诚实守信,保证工程造价业务文件的质量,接受工程造价管理机构的从业行为检查。由于造价员本人行为过错给单位或当事人造成重大经济损失,或者造价员发生以下禁止行为且情节严重的,由省级管理机构注销造价员资格证。

　　① 以欺骗、作弊的手段取得资格证书或私自涂改资格证书;

　　② 同时在 2 个(含 2 个)以上单位从业;

　　③ 允许他人以自己名义从业或转借专用章;

　　④ 违反法律、法规、政府计价规定和诚信原则编制工程造价文件;

　　⑤ 故意泄露从业过程中获取的当事人商业和技术秘密;

　　⑥ 与当事人串通牟取不正当利益;

　　⑦ 超越资格等级从事工程造价业务;

　　⑧ 法律、法规禁止的其他行为。

四、工程造价相关法规

　　造价人员的工作关系到国家和社会公众利益,根据建筑装饰工程造价人员的专业特点和能力要求,不但对其专业素质和身体素质要求较高,还要具有良好的职业道德。同时,必须辅以相关的法律法规,才能使我国建筑装饰工程造价领域的工作更好地服务于国民经济的发展。

　　广义的法律是指由国家制定或认可,体现统治阶级意志,以国家强制力保证实施的具有普遍约束力的行为规范的总和,包括法律、法令、条规、规则、规定、决议、决定、命令等。狭义的法律是指拥有立法权的国家机关依照立法程序制定和颁布的规范性文件,是法律主要、具体的表现形式。在我国,只有全国人民代表大会及其常务委员会依照立法程序制定和颁布的规范性文件才称法律。

　　我国的法律形式有宪法、法律、行政法规、地方性法规和行政规章等。宪法是我国的根本大法,是国家的总章程,在法律体系中具有最高的法律地位和法律效力,是最主要的法律渊源。

　　人与人之间的社会关系为法律规范调整时,所形成的权利和义务的关系,称为法律关系,任何法律关系均由主体、客体、内容三要素构成。当法律关系的主体不履行某一法律规定的义务时,根据不同类别的法律,可以分为不同类别的法律责任,一般为行政法律责任、民事法律责任、刑事法律责任和经济法律责任四种。

　　《中华人民共和国民法通则》(以下简称《民法通则》)规定,法人是具有民事权利能力和民事行为能力,依法独立享有民事权利和承担民事义务的组织。

　　法人是相对于自然人而言的社会组织,作为一个社会组织,必须具备法定条件才能成为法人。法人必须具备的四个条件是:依法成立,有必要的财产和经费,有自己的名称、组织机构和场所,能够独立承担民事责任。

　　建设工程合同的主体只能是法人。

(一)建筑法律制度

　　《中华人民共和国建筑法》(以下简称《建筑法》)是调整建筑活动的法律规范的总称。建筑活动是指各类房屋及其附属设施的建造和与其配套的线路、管道、设备和安装活动。

1. 建筑工程许可制度

　　1)建筑工程许可制度

　　新建、扩建、改建的建设工程,建设单位必须在开工前向建设行政主管部门或其授权的部门申请领取建设工程施工许可证。

　　2)建筑工程从业者资格

　　从事建设工程活动的企业和单位,应当向工商行政管理部门申请设立登记,并由建设行政主管部门审查,颁发资格证书。从事建设工程活动的人员，要通过国家任职资格考试、考核，由建设行政主管部门注册并颁发资格证书。

建设工程从业的经济组织包括：建设工程总承包企业，建设工程勘察、设计单位，建设施工企业，建设工程监理单位，法律、法规规定的其他企业或单位。以上组织应具备下列条件：

① 有符合国家规定的注册资本；

② 有与其从事的建筑活动相适应的具有法定执业资格的专业技术人员；

③ 有从事相关建筑活动所应有的技术装备；

④ 法律、行政法规规定的其他条件。

建筑工程的从业人员包括：建筑师，建造师，结构工程师，监理工程师，造价工程师，法律、法规规定的其他人员。

建设工程从业者资格证件严禁出卖、转让、出借、涂改、伪造。违反上述规定的，将视具体情节，追究法律责任。建设工程从业者资格的具体管理办法，由国务院及建设行政主管部门另行规定。

2. 建设工程发包与承包制度

《建筑法》规定：政府及其所属部门不得滥用行政权力，限定发包单位将招标发包的建筑工程发包给指定的承包单位；提倡对建筑工程实行总承包，禁止将建筑工程肢解发包。

承发包的模式主要分三个方面：一是工程如何发包，即采用直接委托还是招标，招标投标是目前实现建设工程承发包关系的主要途径；二是采取何种合同类型，即采用固定总价合同还是单价合同等；三是工程如何"分标"，即采用总承包还是分项承包等。以下主要简单介绍承发包模式的第三方面内容。

（1）平行承发包　业主将工程项目的设计或施工任务经过分解分别发包给若干个设计或施工单位，分别与各方签订合同。若干个承包商承包同一工程的不同分项，各承包商与业主签订分项承包合同。各设计单位或施工单位之间的关系是平行的。

（2）设计或施工总分包　设计或施工总分包是业主将全部设计或施工的任务发包给一个设计单位或一个施工单位作为总包单位，总包单位可以将其任务的一部分再分包给其他分包单位，形成一个设计主合同（或一个施工主合同）以及若干个分包合同的结构模式。

（3）设计施工一揽子承包　采用这种模式发包的工程也称"交钥匙工程"、项目总承包。业主将工程设计、施工、材料和设备采购等一系列工作全部发包给一家公司，由其进行实质性设计、施工和采购工作，最后向业主交出一个达到使用条件的工程项目。这种模式适用于简单、明确的常规性工程和一些专业性较强的工业建筑工程。国际上实力雄厚的科研、设计、施工一体化公司便是从一条龙服务中直接获得项目。

（4）工程项目总承包管理　业主将项目设计和施工主要部分发包给专门从事设计和施工组织管理单位，再由它分包给若干个设计、施工和材料设备供应厂家，并对它们进行项目管理。

（5）设计和施工单位组成联合体总承包　业主与一个由若干个设计单位或由若干个施工单位组成的联合体签约，将工程项目设计、施工任务分别发包给设计、施工联合体。一般说来，联合体对外要有一个明确的代表，业主与这个代表签订承包合同，这个代表即联合体内部的负责人，负责承包合同的履行。业主选择联合体时应综合考虑联合体内各成员的技术、管理、经验、财务及信誉等，同时应加强联合体内部的相互协调。

3. 建筑工程监理制度

《建筑法》第30条规定：国家推行建筑工程监理制度。所谓建筑工程监理，是指具有相应资质条件的工程监理单位受建设单位委托，依照法律、行政法规及有关的技术标准、设计文件和建筑工程承包合同，对承包单位在施工质量、建设工期和建设资金使用等方面，代表建设单位实施监督管理活动。

实行监理的建筑工程,建设单位与其委托的工程监理单位应当建立书面委托监理合同。

工程监理单位应当根据建设单位的委托,客观、公正地执行监理任务。各地区对必须实行监理的工程在限额上略有不同,江苏省辖区内下列工程必须实行监理,其他建设工程项目鼓励实施监理。

① 大、中型工程和重点建设工程项目;

② 重要的市政、公用工程项目;

③ 高层建筑、三幢以上(含三幢)成片住宅或单体 2 000 m^2 以上的住宅工程项目;

④ 国有、集体资产参与投资且项目总投资在 500 万元人民币以上的建设工程项目,以及 200 万元人民币以上的装饰装修工程项目;

⑤ 外资、中外合资、国外贷款、赠款、捐款建设的工程项目。

4. 建设工程质量与安全生产制度

2000 年 1 月 30 日国务院颁发的《建设工程质量管理条例》(第 279 号令)明确规定了建设工程各参与方的质量责任和义务,包括建设单位的质量责任和义务,勘察、设计单位的质量责任和义务,施工单位的质量责任和义务,工程监理单位的质量责任和义务等,还明确规定了对于损害赔偿的期限、责任范围和法律后果等。

5. 建筑安全生产管理制度

建筑安全生产管理,指建设行政主管部门、建筑安全监督管理机构、建筑施工企业及有关单位对建筑生产过程中的安全工作进行计划、组织、指挥、控制、监督等的一系列管理活动。其目的在于保证建筑工程安全和建筑职工以及相关人员的人身安全。

《建筑法》第 36 条明确规定:"建筑工程安全生产管理必须坚持安全第一、预防为主的方针,建立健全安全生产的责任制度和群防群治制度。"

(二)合同法

《中华人民共和国合同法》(以下简称《合同法》)中的合同是指平等主体的自然人、法人、其他组织之间,为了达到一定的目的,经过自愿、平等、协商一致后,设立、变更、终止民事权利义务关系达成的协议。

合同法的基本原则为:平等自愿原则,公平、诚实信用原则,遵守法律、维护社会公共秩序的原则,依法成立的合同对当事人具有约束力的原则。

当事人订立合同,应当具有相应的民事权利能力和民事行为能力。当事人依法可以委托代理人订立合同。合同的形式有书面形式、口头形式和其他形式。合同的内容由当事人约定,一般包括:当事人的名称或姓名和住所,标的,数量,质量,价款或报酬,履行的期限、地点和方式,违约责任,解决争议的方法。

当事人订立合同,需要经过要约和承诺两个阶段。采用合同书形式订立合同时,自双方当事人签字或者盖章时合同成立。承诺生效的地点为合同成立的地点。依法成立的合同,自成立时生效,或者根据合同的附条件和附期限确定合同生效和失效。若合同内容和形式违反了法律、行政法规的强制性规定,或者损害了国家利益、集体利益、第三人利益和社会公共利益,则不为法律所承认和保护,不具有法律效力的合同为无效合同。

《合同法》规定:书面形式是指合同书、信件和数据电文(包括电报、电传、传真、电子数据交换和电子邮件)等可以有形地表现所载内容的形式。

合同生效后,当事人就质量、价款或者报酬、履行地点等内容没有约定或者约定不明确的,可以协议补充;不能达成补充协议的,按照合同有关条款或者交易习惯确定。合同履行的原则主要包括全面适当履行原则和诚实信用原则。

合同依法成立后,在尚未履行或尚未完全履行时,当事人依法经过协商,对合同的内容进行修订或调整所达成的协议,称为合同变更。

合同当事人双方依法使相互间的权利义务关系终止,也即合同关系消灭,称为合同终止。

合同当事人依法行使解除权或者双方协议解决,提前解除合同效力的行为称为合同解除。

合同当事人因违反合同的规定及约定所应承担的继续履行、采取补救措施或者赔偿损失等民事责任,称为违约责任。常见的违约形式如下:

① 当事人以明示或者行为表明不履行合同义务;

② 当事人未支付价款或者报酬;

③ 当事人履行非金钱债务(包括物、行为和智力成果等)方面的违约情况;

④ 当事人违反质量约定;

⑤ 当事人一方违约给对方造成其他损失;

⑥ 当事人违反承担责任的赔偿额;

⑦ 违约金(即赔偿金)支付;

⑧ 定金担保和既约定定金又约定违约金的情况。

定金是合同当事人一方预先支付给对方的款项,其目的是担保合同债权的实现。《合同法》规定:当事人既约定定金,又约定违约金的,一方违约时,对方可以选择适用违约金或者定金条款。

合同当事人之间对合同履行状况和合同违约责任承担等问题所产生的意见分歧称为合同争议。合同争议的解决方式有和解、调解、仲裁或者诉讼。

对于可撤销的建设工程施工合同,当事人有权请求人民法院撤销该合同。

施工合同的当事人是发包方和承包方,双方是平等的民事主体。施工合同的特点有以下五点。

1. 合同标的的特殊性

建设工程合同的标的是各类建筑产品。建筑产品是不动产,这就决定了每个建设工程合同的标的都是特殊的,相互间具有不可替代性。

2. 合同履行期限的长期性

一方面,建设工程由于结构复杂、体积大、建筑材料类型多、工作量大,合同履行期限都较长(与一般工业产品的生产相比),并且建设工程合同的订立和履行一般都需要较长的准备期。另一方面,在合同的履行过程中,可能因为不可抗力、工程变更、材料供应不及时等原因而导致合同期限顺延。所有这些情况,决定了建设工程合同的履行期限具有长期性。

3. 合同内容的多样性和复杂性

虽然施工合同的当事人只有两方,但其涉及的主体很多。与大多数合同相比较,施工合同的履行期限长、标的额大,涉及的法律关系包括了劳动关系、保险关系、运输关系等。

4. 工程计划和建设程序的严格性

工程建设对国家的经济发展、公民的工作和生活都有重大的影响,因此,国家对建设工程的计划和程序都有严格的管理制度。订立建设工程合同必须以国家批准的投资计划为前提,即使是国家投资以外的、以其他方式筹集的投资也要受到当年的贷款规模和批准限额的限制,纳入当年投资规模的范畴,并经过严格的审批程序。建设工程合同的订立和履行还必须符合国家关于建设程序的规定。

5. 合同形式的特殊要求

我国《合同法》在一般情况下对合同形式采用书面形式还是口头形式没有限制。但是,考虑到建设工程的重要性和复杂性,在建设过程中经常会发生影响合同履行的纠纷,因此,《合同法》要求建设工程合同应当采用书面形式。这也反映了国家对建设工程合同的重视。

由于施工合同的以上特点,在施工过程中常常会发生变更和索赔问题。索赔是指在工程施工合同的履行过程中,合同一方因对方不履行或未能正确履行合同所规定的义务而遭受损失时,向对方提出赔偿或补偿要求的行为,一般包括工期索赔和费用索赔。索赔的主体可以是发包方,也可以是承包方。

(三)招标投标法

在我国,自 2000 年 1 月 1 日起实施的《中华人民共和国招标投标法》(以下简称《招标投标法》),规定在中华人民共和国境内进行下列工程建设项目(包括项目的勘察、设计、施工、监理,以及与工程建设有关的重要设备、材料等的采购),必须进行招标:

① 大型基础设施、公用事业等关系社会公共利益、公众安全的项目;

② 全部或者部分使用国有资金投资或者国家融资的项目;

③ 使用国际组织或者外国政府贷款、援助资金的项目。

各地区根据情况可以制定更为详细的标准,如江苏省规定,依法必须招标的建设工程项目规模标准为:

① 勘察、设计、监理等服务的采购,单项合同估算价在 30 万元人民币以上的;

② 施工合同估算价在 100 万元人民币以上或者建筑面积在 2 000 m² 以上的;

③ 重要设备和材料等货物的采购,单项合同估算价在 50 万元人民币以上的;

④ 总投资在 2 000 万元人民币以上的。

《招标投标法》的基本宗旨是:招标和投标活动属于当事人在法律规定范围内自主进行的市场行为,但必须接受政府行政主管部门的监督。

招标分公开招标和邀请招标两种方式。招标人应当根据招标项目的特点和需要编制招标文件。招标文件应当包括招标项目的技术要求、对招标人资格审查的标准、投标报价要求和评标标准等所有实质性要求和条件,以及拟签订合同的主要条款。

投标人应当具备承担招标项目的能力,且应根据招标文件编制和提交投标文件。

开标应当在招标人的主持下,在招标文件确定的提交投标文件截止时间的同一时间、招标文件中预先确定的地点公开进行,经评标委员会评标并确定中标人。

(四)工程建设其他相关法律

1. 担保制度

担保是指合同当事人双方为了使合同能够得到全面按约履行,根据法律、行政法规的规定,经双方协商一致而采取的一种具有法律效力的保护措施。《中华人民共和国担保法》规定的担保方式有五种,即保证、抵押、质押、留置和定金。

2. 保险制度

保险是一种受法律保护的分散危险、消化损失的经济制度。危险可分为财产危险、人身危险和法律责任危险三种。

工程保险包括建筑工程一切险、安装工程一切险和机器保险等种类。

3. 代理制度

代理是指代理人以被代理人的名义,在其授权范围内向第三人做出意思表示,所产生的权利和义务直接由被代理人享有和承担的法律行为，一般分为委托代理、指定代理和法定代理三种。在建筑业活动中，主要发生的是委托代理。

行为人没有代理权或超越代理权限而进行的"代理"活动，称为无权代理。

五、建筑装饰工程招标与投标

招投标制度历史悠久，在国际市场上已经实行了 200 多年。我国建筑业的承包制经历了漫长的成长过程。目前，我国的招标投标制度已经与国际接轨。招标投标是一种特殊的市场交易方式，是采购人事先提出货物工程或服务采购的条件和要求，邀请众多投标人参加投标并按照规定程序从中选择交易对象的一种市场交易行为。也就是说，它是由招标人或招标人委托的招标代理机构通过媒体公开发布招标公告或投标邀请函，发布招标采购的信息与要求，邀请潜在的投标人参加平等竞争，然后按照规定的程序和方法，通过对投标竞争者的报价、质量、工期（或交货期）和技术水平等因素，进行科学的比较和综合的分析，从中择优选定中标者，并与其签订合同，以实现节约投资、保证质量和优化配置资源的一种特殊交易方式。

（一）工程招标

所谓工程招标，是指招标人就拟建工程发布公告，以法定方式吸引承包单位自愿参加竞争，从中择优选定承包方的法律行为。通常的做法是，招标人（或业主）将自己的意图、目的、投资限额和各项技术经济要求，以各种方式公开，邀请有合法资格的承包单位，利用投标竞争，达到"货比三家"、"优中选优"的目的。实质上，招标就是通过建筑产品卖方市场由买主（业主）择优选取承包单位（企业）的一种商品购买行为。

1. 工程招标的程序

按照招标人和投标人的参与程度，可将招标过程粗略划分成招标准备阶段和决标成交阶段。

在我国，依法必须进行施工招标的工程，一般应遵循下列程序。

第一，招标单位自行办理招标事宜的，应建立专门的招标工作机构。该机构具有编制招标文件、组织招标会议和组织评标的能力，有与工程规模、复杂程度相适应并具有同类工程招标经验、熟悉有关工程招标法律的工程技术、概预算及工程管理的专业人员。不具备这些条件的，应当委托具有相当资格的工程招标代理机构代理招标。

第二，招标单位在发布招标公告或发出投标邀请书的 5 日前，向工程所在地县级市以上地方人民政府建设行政主管部门备案，并报送下列材料：

① 按照国家有关规定办理审批手续的各项批准文件；

② 前条所写包括专业技术人员的名单、职称证书或者执业资格证书及其工作经历等的证明材料；

③ 法律、法规、规章规定的其他材料。

第三，准备招标文件和标底，报建设行政主管部门审核或备案。

第四，发布招标公告或发出投标邀请书。

第五，投标单位申请投标。

第六，招标单位审查申请投标单位的资格，并将审查结果通知申请投标单位。

第七，向合格的投标单位分发招标文件。

第八，组织投标单位勘查现场，召开答疑会，解答投标单位就招标文件提出的问题。

第九，组建评标组织，制订评标、定标方法。

第十，召开开标会，当场开标。

第十一，组织评标，决定中标单位。

第十二,发出中标和未中标通知书,收回发给未中标单位的图纸和技术资料,退还投标保证金或保函。

第十三,招标单位与中标单位签订施工承包合同。

工程招投标基本流程图如图 0-2 所示。

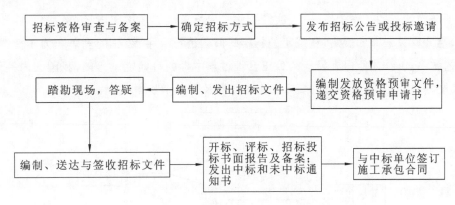

图 0-2 工程招投标基本流程图

2. 工程招标的主要方式

1）公开招标

公开招标,是指招标人以招标公告的方式邀请不特定的法人或其他组织投标。招标人通过媒体公开发布招标公告,使所有符合条件的潜在投标人可以有机会参加投标竞争,招标人从中择优确定中标人。

公开招标的特点:一是投标人在数量上没有限制,具有广泛的竞争性;二是采用招标公告的方式,向社会公众明示其招标要求,从而保证招标的公开性。

2）邀请招标

邀请招标,是指招标人以招标邀请书的方式邀请特定的法人或者其他组织投标。招标人预先确定一定数量的符合招标项目基本要求的潜在投标人,并向其发出投标邀请书,被邀请的潜在投标人参加竞争,招标人从中择优,确定中标人。

邀请招标具有两个特点。一是招标人邀请参加投标的法人或者其他组织在数量上是确定的。根据《招投标法》第 17 条规定,采用邀请招标方式的招标人应当向 3 个以上的潜在投标人发出投标邀请书。二是邀请招标的招标人要以投标邀请书的方式向一定数量的潜在投标人发出投标邀请,只有接受投标邀请的法人或者其他组织才可以参加投标竞争,其他法人或者组织无权参加投标。

3）议标

议标又称"谈判招标",是指招标人直接选定某个工程承包人,通过与其谈判,商定工程价款,签订工程承包合同。由于工程承包人的身份在谈判之前一般就已确定,不存在投标竞争对手,没有竞争,故称之为"非竞争性招标"。

市场经济下建设工程招投标的本质特点是竞争,而议标方式并不体现竞争这一招标投标的本质特点,因此,这种方式并非严格意义上的招标方式,其实只是一种谈判合同,是一般意义上的建设工程发包方式。因此,我国现行法规没有将议标作为招标的方式。

（二）工程投标

所谓投标,是指响应招标、参与投标竞争的法人或者其他组织,按照招标公告或邀请函的要求制作并递送标书,履行相关手续,争取中标的过程。它是投标人(或企业)利用报价的经济手段销售自己商品的交易行为。在工程建设项目的投标中,凡有资格和能力并愿按招标的意图、愿望和要求条件承担任务的施工企业(承包单位),经过对市场的广泛调查,掌握各种信息后,结合企业自身能力,掌握好价格、工期、质量等关键因素,都可在指定的期限内填写标书、提出报价,向招标者致函,请求承包该项工程。投标人在中标后,也可按规定条件对部分工程进行二次招标,即分包转让。

1. 工程投标的程序

　　投标既是一项严肃认真的工作,又是一项决策工作。投标单位必须按照当地规定的程序和做法,满足招标文件的各项要求,遵守有关法律的规定,在规定的招标时间内进行公平、公正的竞争。为了获得投标的成功,投标必须按照一定的程序进行,才能保证投标的公正合理性与中标的可能性。目前,我国国内关于工程投标程序各地基本相同,如图 0-3 所示,图中列出了投标工作的程序及其各个步骤。

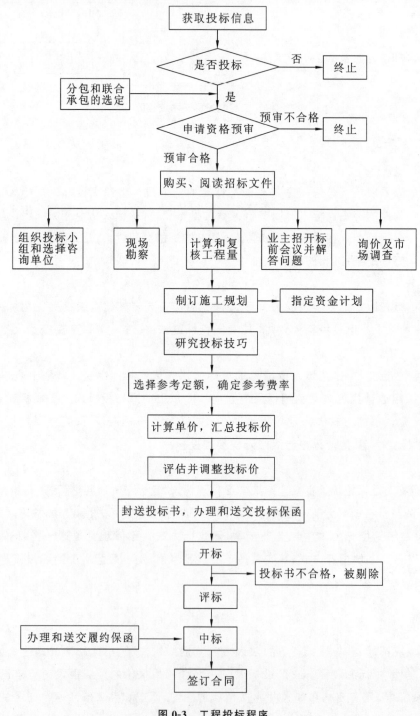

图 0-3　工程投标程序

2. 资格预审阶段

资格预审是在招标阶段对申请投标人的第一次筛选,其目的是审查投标人的企业总体能力是否满足招标工程的要求,确保所收到的投标书均来自业主所确信的、有必要资源和经验的、能圆满完成拟建工程的承包商。

资格预审阶段包括资格预审文件的编制、资格预审文件的提交、资格预审申请书的分析评估、选择投标人、通知申请人。资格预审主要是通过表格和信用证明的方法,采用定性比较来选择合乎要求的投标人。一般情况下通过资格预审的单位不应低于 5 家。

3. 投标报价

投标报价是承包商采取投标方式承揽工程项目时,计算和确定承包该工程的投标总价格的过程。报价是工程投标的核心,是招标人选择中标者的主要依据,也是业主和投标人进行合同谈判的基础。投标报价是影响投标人投标成败的关键,因此,正确合理地计算和确定投标报价非常重要。

(三)开标和评标

开标和评标是招投标工作的决策阶段,是一项非常关键而又细微的综合工作。它包括开标、评审投标书,以及对有偏差的投标书的认定、对投标书的裁定、废标的确定等,其目的是对投标人的投标进行比较并选定最优的投标人。

1. 开标

开标是招标人在招标文件规定的时间、地点,在招标投标管理机构监督下,由招标单位主持,当众启封所有投标文件及补充函件,公布投标文件的主要内容和审定的标底(如果有标底)的过程。

(1)开标的时间、地点　开标应在招标文件确定的投标截止时间的同一时间公开进行;开标地点应在招标文件中预先确定。若变更开标日期和地点,应提前通知投标企业和有关单位。

(2)开标的参加人员　开标由招标人或招标代理机构主持,邀请评标委员会成员、投标人代表、公证部门代表和有关单位代表参加。招标人要实现以各种有效的方式通知投标人参加开标,不得以任何理由拒绝任何一个投标人代表参加开标。

(3)开标的工作内容　开标的主要工作内容包括:宣读无效标和弃权标的规定;核查投标人提交的各种证件、资料;检查标书密封情况并唱标;公布评标原则和评标办法等。

2. 评标

开标之后,就要进入秘密的评标阶段了。评标是对各标书优劣的比较,以便最终确定中标人。评标工作由评标委员会负责。评标的过程通常要经过投标文件的符合性鉴定、技术评审、商务评审、投标文件澄清与答辩、综合评审、资格后审等几个步骤。

在工程建设项目招标投标中,对评标方法的选择和确定是非常重要的问题。既要充分考虑到科学合理、公平公正,又要考虑到具体的招标项目的具体情况、不同特点和招标人的合理意愿。在实践中经常使用的评标方法主要有单项评议法和综合评估法。

投标报价的技巧

我国《招标投标法》中规定选择中标人的标准有两种:

① 能够最大限度地满足招标文件中规定的各项综合评价标准;

② 能够满足招标文件的实质性要求,经评审的投标价格最低,但是投标价格低于成本的除外。

　　在实际操作中,常用的评标方法有综合评分法、低标价法、两段三审评标法等。不管何种评标方法,在考虑质量、工期、社会信誉等之后,标价依然是招标人评价和选择的基础。

　　所以,报价是中标的关键。工程投标报价的确定是一项策略性、技术性、专业性和艺术性都很强的一项工作。报价技巧与报价策略意图是相辅相成、互相渗透的,运用得当,不仅投标报价可使业主接受,而且中标后能获得更多的利润。常用的投标报价技巧有以下几种。

1. 多方案报价法

　　这是利用工程说明书或合同条款不够明确之处,以争取达到修改工程说明书和合同为目的的一种报价方法。当工程说明书或合同条款有某些不够明确之处时,承包商往往要承担很大风险,为了减少风险就须扩大工程单价,增加"不可预见费",但这样又会因报价过高而增加被淘汰的可能性。多方案报价法就是为对付这种两难局面而出现的。

　　具体做法是在标书上报两个单价:一是按原工程说明书和合同条款报一个价;二是加以注解。例如:如工程说明书或合同条款可作某些改变时,可降低多少费用,以吸引业主;或者是对某部分工程提出按"成本补偿合同"的方式处理,其余部分包一个总价。这时投标者应组织有经验的技术专家,对原招标文件的设计和施工方案仔细研究,提出更理想的方案,这种新的建议可以降低工程总造价,或提前竣工,或使工程运用更合理。

2. 不平衡报价法

　　为适应工程量清单报价,投标人对内还需进行单价的合理分析与确定,以确保报价的整体竞争力。在总价无多大出入时,哪些单价定高,哪些单价定低,是有一定技巧的,通常称为不平衡报价。

　　不平衡报价是相对于常规的平衡报价而言的,是在总的报价保持不变的前提下,与正常水平相比,在提高某些分项工程的单价的同时,降低另外一些分项工程的单价,以期望在工程结算时得到更理想的经济效益。很显然,不平衡报价法只能适用于单价合同,特点是承包商争取做到"早收钱,多收钱",尽量创造最佳的经济效益。

　　不平衡报价也有风险,这要看承包商的判断和决策是否准确。即便判断正确,业主也可以想办法靠发变更令减少施工时的工程数量,甚至强行改变或取消原有设计。这就需要承包商具备一定的运作经验和技巧,必须对具体情况做出充分调研分析后才可以形成决策,以创造足够的空间去应对业主。

　　表 0-1 所示为常用的不平衡报价法,可供参考。

表 0-1　常用的不平衡报价法

序号	信息类型	变动趋势	不平衡结果
1	资金收入的时间	早	单价高
		晚	单价低
2	清单工程量不准确	增加	单价高
		减少	单价低
3	报价图纸不明确	增加工程量	单价高
		减少工程量	单价低
4	暂定工程	自己承包的可能性高	单价高
		自己承包的可能性低	单价低

续表

序号	信息类型	变动趋势	不平衡结果
5	单价和包干混合制项目	固定包干价格项目	单价高
		单价项目	单价低
6	单价组成分析表	人工费和机械费	单价高
		材料费	单价低
7	议标时招标人要求压低单价	工程量大的项目	单价小幅度降低
		工程量小的项目	单价大幅度降低
8	工程量不明确的单价项目	没有工程量	单价高
		有假定的工程量	单价低

案例 1　不平衡报价之早收钱

某承包商参与某高层写字楼装饰工程的招标,为了既不影响投标,又能在中标后取得较好的收益,决定采用不平衡报价法对原预算做出适当调整,相关数据如表 0-2 所示。表面上看,工程总价没有变,但是考虑资金的时间价值,显然,调整后的工程总价要高一些。

表 0-2　不平衡报价前后数据的分析　　　　　　　　　　　　　　　　单位:万元

项　目	楼地面工程	墙柱面工程	天棚工程	油漆涂料工程	总价
调整前(编制价格)	440	680	780	425	2 325
调整后(正式报价)	590	745	630	360	2 325

3. 增加建议方案

有时招标文件中规定,可以提出建议方案,即可以修改原设计方案,提出投标者的方案。投标者这时应组织一批有经验的设计和施工人员,对招标文件的设计和施工方案仔细研究,提出更合理的方案以吸引业主,促成自己的方案中标。这种新的建议方案可以降低总造价,或提前竣工,或使工程运用更合理。但要注意的是,对原招标方案一定要标价,以供业主比较。

增加建议方案时,不要将方案写得太具体,保留方案的技术关键,防止业主将此方案交给其他承包商,同时要强调的是,建议的方案一定要比较成熟,或过去有过这方面的实践经验。因为投标时间不长,如果仅为中标而匆忙提出一些没有把握的建议方案,可能会引起很多后患。

4. 突然降价法

突然降价法又称为突然袭击法,这是一种迷惑对手的竞争手段。报价是一件保密工作,但竞争对手之间往往通过各种渠道来刺探情报,绝对保密是很难做到的,所以可在报价时采用迷惑对手的手法。具体说来,这种方法是先按一般情况报价或表现出自己对该工程兴趣不大,到快到投标截止时间时,突然降价。

采用此法时,一定要在准备投标报价的过程中考虑好降价的幅度,在临近投标截止日期前,根据情报信息与分析判断,再做最后决策。

5. 扩大标价法

这是一种常用的投标方法,即除了按正常的已知条件编制标价以外,对工程变化较大或没有把握的工作,采用扩大标价,增加"不可预见费"的方法来降低风险,也称为"固定标价法"。不过,这种投标方法又往往因为标价过高易被淘汰。当然,承包企业现可以利用施工索赔方法,使自己在施工过程中得到非自身原因造成的合同价款以外的补偿,招标单位就可得到一个相对较低的报价。

类似的投标方法还很多,只有根据实际情况,制订灵活的对策,才能取得较好的效果。

思考与练习

一、单选题

1. 一个建设项目往往包含多项能够独立发挥生产能力和工程效益的单项工程，一个单项工程又由多个单位工程组成。这体现了工程造价的(　　)特点。

A. 个别性　　　　　　　B. 差异性　　　　　　　C. 层次性　　　　　　　D. 动态性

2. 工程类大专毕业生，需要从事工程造价工作满(　　)年，可以报名参加造价工程师考试。

A. 3 年　　　　　　　　B. 4 年　　　　　　　　C. 5 年　　　　　　　　D. 6 年

3. 具备独立施工条件并能形成独立使用功能的建筑物及构筑物是(　　)。

A. 单项工程　　　　　　B. 单位工程　　　　　　C. 分部工程　　　　　　D. 分项工程

4. 顶棚装饰工程属于(　　)。

A. 分部工程　　　　　　B. 分项工程　　　　　　C. 单位工程　　　　　　D. 单项工程

5. 工程项目建设的正确顺序是(　　)。

A. 设计、施工、决策　　　　　　　　　　　　B. 决策、施工、设计

C. 决策、设计、施工　　　　　　　　　　　　D. 设计、决策、施工

6. 在建筑活动中，主要发生的代理行为是(　　)。

A. 法定代理　　　　　　B. 委托代理　　　　　　C. 法人代理　　　　　　D. 指定代理

7. 下列不属于工程造价类型的是(　　)。

A. 施工预算　　　　　　B. 投资估算　　　　　　C. 竣工结算　　　　　　D. 设计概算

8. 工程造价的特殊职能一般不表现在(　　)。

A. 预测职能　　　　　　B. 控制职能　　　　　　C. 评价职能　　　　　　D. 监督职能

9. 组成分部工程的元素是(　　)。

A. 单项工程　　　　　　B. 分项工程　　　　　　C. 单位工程　　　　　　D. 建设项目

10. 常用投标报价技巧不包括(　　)。

A. 不平衡报价法　　　　B. 低价中标法　　　　　C. 突然降价法　　　　　D. 多方案报价法

二、多选题

1. 分部工程是单位工程的组成部分，一般按照(　　)因素划分。

A. 部位　　　　　　B. 造价　　　　　　C. 工种　　　　　　D. 工艺　　　　　　E. 费用性质

2. 工程造价的计价特点是(　　)。

A. 单件性计价　　　B. 复杂性计价　　　C. 多次性计价　　　D. 灵活性计价　　　E. 均衡性计价

3. 担保方式一般有(　　)。

A. 违约金　　　　　B. 留置　　　　　　C. 保证　　　　　　D. 抵押　　　　　　E. 定金

4. 评标活动应遵循的原则是(　　)。

A. 公开　　　　　　B. 公正　　　　　　C. 低价　　　　　　D. 科学　　　　　　E. 择优

5. 江苏省依法必须招标的建设工程项目规模标准为(　　)。

A. 勘察、设计、监理等服务的采购，单项合同估算价在 30 万元人民币以上的

B. 施工合同估算价在 100 万元人民币以上或者建筑面积在 2 000 平方米以上的

C. 重要设备和材料等货物的采购，单项合同估算价在 500 万元人民币以上的

D. 总投资在 2 000 万元人民币以上的

E. 政府投资、融资金额在 50 万元以上的

6. 工程保险一般包括(   )。

A. 人身保险   B. 安装工程一切险   C. 机器保险   D. 建筑工程一切险   E. 养老保险

7. 法人必须具备的条件是(   )。

A. 有自己的名称、组织机构和场所

B. 能够独立承担民事责任

C. 依法成立

D. 有必要的财产和经费

E. 有必要的专业人才

8. 招标人对投标人必须进行的审查有(   )。

A. 资质条件   B. 业绩   C. 信誉   D. 技术   E. 资金

9. 法律关系的构成要素有(   )。

A. 时间   B. 主体   C. 客体   D. 内容   E. 履约地

10. 下列论述不正确的有(   )。

A. 无效投标文件一律不予以评审

B. 投标文件要提供电子光盘

C. 投标人的投标报价不得高于招标控制价(最高限价)

D. 中标人在收到中标通知书后,如有特殊理由可以拒签合同协议书

E. 逾期送达的或者未送达指定地点的投标文件,招标人可视情况认定其是否有效

项目一
建筑装饰工程造价计价依据及其应用

ShiNeiZhuangShi
GongCheng Zaojia

■ **教学目标**

最终目标：能熟练应用装饰工程预算定额，并能进行分部分项工程综合单价分析。

促成目标：（1）掌握装饰工程预算定额的组成与应用；

　　　　　　（2）熟悉装饰工程预算定额的编制原则；

　　　　　　（3）了解估算指标、概算指标、概算定额和施工定额；

　　　　　　（4）培养严谨认真的工作作风。

■ **工作任务**

准确快速查找相应定额，对给定的分部分项工程进行正确的综合单价分析。

■ **活动设计**

1. 活动思路

通过理论讲解和小练习，使学生能够熟练应用装饰工程预算定额，并在掌握装饰工程预算定额及应用情况的基础上，对给定的分部分项工程进行综合单价分析，在过程中解决可能出现的问题。

2. 活动内容

对给定的装饰工程清单项目进行综合单价分析。

3. 活动组织

序号	活动项目	实　施　方　法	学时	备注
1	学习预算定额	以《江苏省建筑与装饰工程计价定额（2014版）》为例，进行全面、具体的讲解	2	
2	定额应用练习	对给定的工程量，进行定额预算价计算	2	
3	综合单价分析	套用预算定额的数量标准，结合给定的人工、材料等市场价格进行分部分项工程综合单价分析	6	

4. 活动评价

评价内容为学生作业；评价标准如下：

评价等级	评　价　标　准
优秀	能正确应用装饰工程预算定额，并用正确的方法和步骤准确完成分部分项工程综合单价分析
合格	能正确应用装饰工程预算定额，完成分部分项工程综合单价分析的方法和步骤本正确
不合格	对装饰工程预算定额理解不够，对分部分项工程综合单价分析的方法和步骤不明确

建筑装饰工程计价依据是用来计算和确定工程项目造价的各种基础资料的总称。一般来讲，它包括以下内容：

① 建筑安装工程有关定额、指标及单价，主要包括概算指标，概算定额，预算定额，人工、材料、机械台班和设备单价，各类建筑安装工程造价指数等；

② 工程的相关基础资料，例如，设计图纸等技术资料、设备清单或计划等；

③ 工程量计算规则；

④ 政府主管部门发布的有关工程造价的经济法规、政策等；

⑤ 设备费及工器具、家具购置费和工程建设其他费用的计价依据；

⑥ 其他计价依据。

下面以设计和施工单位经常用到的预算定额为例，进行详细讲解。

单元一

建筑装饰工程定额的分类 ◀◀◀

"定"即规定，"额"即数量，"定额"即规定在生产中各种社会必需劳动的消耗量的标准额度。工程定额是在合理的劳动组织和合理的材料与机械使用的条件下，完成一定计量单位合格建筑产品所消耗资源的数量标准。工程定额是一个综合概念，是建设工程计价和管理中各类定额的总称，包括许多种类的定额，可以按照不同的原则和方法对它进行分类。

1. 按定额反映的生产要素消耗内容分类

按定额反映的生产要素消耗内容，可以把工程定额分为劳动消耗定额、材料消耗定额和机械消耗定额三种。

（1）劳动消耗定额　简称劳动定额，也称为人工定额，是指为完成一定数量的合格产品（工程实体或劳务）规定活劳动消耗的数量标准。劳动定额的主要表现形式为时间定额。一个工人工作 8 小时为一个工日，劳动定额就表现为完成一定数量的某合格产品消耗多少个工日。

（2）机械消耗定额　机械消耗定额以一台机械一个工作班为计量单位，所以又称为机械台班定额，是指为完成一定数量的合格产品（工程实体或劳务）所规定的施工机械消耗的数量标准。正常情况下，一台机械工作 8 小时为一个台班。

（3）材料消耗定额　简称材料定额，是指为完成一定数量的合格产品所需消耗的原材料、成品、半成品、构配件、燃料以及水、电等动力资源的数量标准。

2. 按定额的用途分类

按定额的用途，可以把工程定额分为施工定额、预算定额、概算定额、概算指标和投资估算指标五种。

（1）施工定额　施工定额是施工企业为组织生产和加强管理而在企业内部使用的一种定额，属于企业性质的定额，代表社会平均先进水平。

（2）预算定额　预算定额是在编制施工图预算阶段，以工程中的分项工程或结构构件为编制对象，计算工程造价和计算工程中的劳动、机械台班、材料需要量的定额。预算定额代表社会平均水平，是计价定额中常用的一种。从编制程序上看，预算定额是以施工定额为基础综合扩大编制的，是编制概算定额的基础。同时，它也是确定工程造价的重要依据。

（3）概算定额　概算定额是以扩大的分项工程或扩大的结构构件为对象编制的，计算和确定劳动、机械台班、材料需要量所使用的定额，也是一种计价性定额。概算定额是编制扩大初步设计概算、确定建设项目投资额的依据。

（4）概算指标　概算指标的设定和初步设计的深度相适应，项目划分粗略，比概算定额更加综合扩大。它是以整个建筑物或构筑物为对象，以更为扩大的计量单位编制的。

（5）投资估算指标　它的概略程度与可行性研究阶段相适应，项目划分更加粗略，是编制投资估算、计算投资需要量时使用的一种计价性定额。

上述各种定额的相互联系可参照表 1-1。

表 1-1　按定额用途分类时五种工程定额的相互联系

项目	施工定额	预算定额	概算定额	概算指标	投资估算指标
对象	工序	分项工程	扩大的分项工程	整个建筑物或构筑物	独立的单项工程或完整的工程项目
用途	编制施工预算	编制施工图预算	编制扩大初步设计概算	编制初步设计概算	编制投资估算
项目划分	最细	细	较粗	粗	很粗
定额水平	平均先进	平均	平均	平均	平均
定额性质	生产性定额	计价性定额	计价性定额	计价性定额	计价性定额

3. 按编制单位和执行范围分类

按编制单位和执行范围，工程定额分为全国统一定额、行业统一定额、地区统一定额、企业定额和补充定额五种。

（1）全国统一定额　是由国家建设行政主管部门综合全国工程建设中技术和施工组织管理的情况编制，并在全国范围内执行的定额。

（2）行业统一定额　是考虑各行业部门专业工程技术特点，以及施工生产和管理水平编制的，一般只在本行业和相同专业性质的范围内使用。

（3）地区统一定额　指各省、自治区、直辖市定额。它主要是考虑地区性特点，而对全国统一定额水平作适当调整和补充编制的。

（4）企业定额　是由施工企业考虑本企业具体情况，参照国家、部门或地区定额的水平制订的定额。企业定额只在企业内部使用，是企业素质的一个标志。企业定额水平一般只有高于国家和行业现行定额，才能满足生产技术发展、企业管理和市场竞争的需要。在工程量清单计价模式下，企业定额作为施工企业进行建设工程投标报价的计价依据，正发挥着越来越大的作用。

（5）补充定额　是指随着设计、施工技术的发展，在现行定额不能满足需要的情况下，为了补充缺陷所编制的定额。补充定额只能在指定的范围内使用，可以作为以后修订定额的基础。

上述各种定额虽然适用于不同的情况和用途，但是，它们是一个互相联系的、有机的整体，在实际操作中通常配合使用。

━━━ 单元二 ━━━

建筑装饰工程预算定额的特点 ◂◂◂◂

建筑装饰工程预算定额编制与计价方法,是遵照《全国统一建筑工程基础定额　土建》GJD 101—1995 和《全国统一建筑工程预算工程量计算规则》GJDGZ 101—1995 的若干规定和通知精神,以各省区建设主管部门制定的"建筑工程单位估价表"为依据的定额预算编制与计价方法,是进行装饰预算的重要计价依据。为了准确进行装饰预算,必须准确理解装饰预算定额体系,从而合理、准确地确定建筑装饰工程造价。建筑装饰工程预算定额的特点总结如下。

1. 科学性和实践性

建筑装饰工程预算定额的制定来源于施工企业的实践,又服务于施工企业。它是在调查、研究施工过程的客观规律的基础上,在共同性与特殊性的研究实践中,根据施工过程中消耗的人工、材料、施工机具及其单价费用的数量,同时考虑各地区的实际情况,以及在施工过程中的施工技术应用与发展而制定出来的。施工企业在生产实践中,定额的科学性和实践性可以提高施工企业的管理水平,促进生产发展,最大限度地提高施工企业的经济效益和社会效益。

建筑装饰预算定额的编写是由定额管理技术人员、熟练工人和工程技术人员,以科学分析的方法,且所有定额水平、项目均以《全国统一建筑工程基础定额》为蓝本,在此基础上采用"增、减、合、并"四字方案来确定项目水平,并根据当时、当地的社会生产力水平等实际情况,在大量测定、分析、综合、研究生产过程中的数据和资料的基础上制定出来的。因此,建筑装饰工程预算定额具有合理的工作时间、资源消耗以及科学的操作方法,在生产实践中,具有一定的可行性和实践性。

2. 法令性和指导性

建筑装饰工程预算定额是由国家各级建设部门制定、颁发并供所属设计、施工企业单位使用,在执行范围内任何单位与企业必须遵守执行的法令性政策文件。任何单位与企业不得随意更改其内容和标准,如需修改、调整和补充,必须经主管部门批准,下达相应文件。建筑装饰工程预算定额统一了资源消耗的标准,便于国家各级建设主管部门对工程设计标准和企业经营水平进行统一的考核和有效监督。

建筑装饰工程预算定额的法令性,也决定了它在我国社会主义市场经济的环境下在一定范围内具有某种程度的指导性。同时,定额本身还具有一定的灵活性,有些项目是根据现行规范规定制定的,但各地区可按当地材料质量、价格的实际情况进行调整。

3. 稳定性与时效性

建筑装饰工程预算定额中的任何一种都是一定时期技术发展和管理水平的反映,因而在一段时间内都表现出稳定的状态。稳定的时间有长有短,一般为 5～10 年。保持定额的稳定性是维护定额的指导性所必需的,更是有效地贯彻定额所必要的。如果某种定额处于经常修改和变动之中,那么必然造成执行中的困难和混乱,很容易导致定额指导作用的丧失。工程定额的不稳定也会给定额的编制工作带来极大的困难。

但是工程定额的稳定性是相对的。当生产力向前发展时,定额就会与生产力不相适应。这样,它原有的作用就会逐步减弱以至消失,需要重新编制和修订。

单元三

建筑装饰工程预算定额的编制 ◀◀◀

从编制程序上看,施工定额是预算定额的编制基础,而预算定额则是概算定额和估算指标的编制基础。预算定额的研究对象为分项工程,定额项目划分较细,应用范围较广。

一、建筑装饰工程预算定额的编制原则

建筑装饰工程预算定额和其他专业预算定额一样,编制时必须遵守以下原则。

1. 按平均水平确定预算定额的原则

建筑装饰工程预算定额是确定建筑装饰工程价格的主要依据。预算定额作为确定建筑装饰工程价格的工具,必须遵守价格的客观规律和要求。根据国家有关部门对建筑装饰工程定额编制的规定,定额水平应按照社会必要劳动量来确定,即按产品生产过程中所消耗的社会必要劳动时间确定定额水平。预算定额的水平为社会平均水平,是根据各省、市、地区建筑业在现实平均生产条件、平均劳动熟练程度、平均劳动强度下,完成单位建筑装饰工程量所需的时间来确定的。

2. 简明、适用原则

建筑装饰工程预算定额的内容和形式,既要满足不同用途的需要,还要具有简单明了、适用性强、容易掌握和操作应用等特点。在使用预算定额的计量单位时,还要考虑到简化工程的计算工作。同时,为了保证预算定额水平,除了在设计和施工中允许换算外,预算定额要尽量可以直接套用,这样既减少了换算工作量,也有利于保证预算定额的严肃性。

3. 统一性和差别性相结合的原则

考虑到我国基本建设的实际情况,在建筑装饰工程预算定额方面采用的是由统一性和差别性相结合的预算定额原则。根据国家基本建设方针政策和经济发展的要求,采取统一制定预算定额的编制原则和方法,组织预算定额的编制和修订,颁布有关政策性的法规和条例细则,颁布全国统一预算定额和费率标准等。在全国范围内统一基础定额的项目划分,统一定额名称、定额编号,统一人工、材料、机械台班消耗量的名称及计量单位等,只有这样,建筑装饰工程预算定额才具有统一计价的依据。

各省、自治区、直辖市及本地区可以根据本地建筑装饰工程的实际情况,根据国家有关部门制定的基础定额编制规定的原则,制定出符合本地的建筑装饰工程预算定额,或各部门和地区性预算定额,颁发补充性的条例细则,这种具有差别性的建筑装饰工程预算定额可以对本地建筑装饰的发展起到积极的推动作用。

二、建筑装饰工程预算定额的编制依据

1. 有关建筑装饰工程的预算定额资料

编制建筑装饰工程预算定额所依据的有关定额资料主要包括以下几个方面:

① 建筑装饰工程施工定额；

② 现行的建筑工程预算定额（单位估价表）、现行的建筑装饰工程预算定额。

2. 有关建筑装饰工程的设计资料

进行建筑装饰工程预算定额的编制必须依据有关设计资料，其内容如下：

① 国家或地区颁布的建筑装饰工程通用设计图集；

② 有关建筑装饰工程构件、产品的定型设计图集；

③ 其他有代表性的建筑装饰工程设计资料。

3. 有关建筑装饰工程的政策法规和相关的文件资料

进行建筑装饰工程预算定额的编制必须依据有关政策法规和相关的文件资料，其主要内容如下：

① 现行的建筑安装工程施工验收规范；

② 现行的建筑安装工程质量评定标准；

③ 现行的建筑安装工程操作规程；

④ 现行的建筑工程施工验收规范；

⑤ 现行的建筑装饰工程质量评定标准；

⑥ 其他有关的政策法规和文件资料。

4. 有关建筑装饰工程的价格资料

随着造价管理工作的逐步完善，各地区均建立了自己的造价信息网站，价格信息更新及时，成为工程计价的主要依据。建筑装饰工程预算定额的编制必须依据的有关价格资料主要内容如下：

① 现行的人工工资标准资料；

② 现行的材料预算价格资料；

③ 现行的有关设备配件等价格资料；

④ 现行的施工机械台班预算价格资料。

三、建筑装饰工程预算定额的编制程序与方法

建筑装饰工程预算定额的编制程序，可分为准备工作阶段（包括收集资料）、编制定额阶段和申报定额三个阶段，如表 1-2 所示。

表 1-2　建筑装饰工程预算定额的编制程序与内容

准 备 阶 段	编 制 阶 段	申 报 阶 段
成立编制小组	熟悉、分析预算资料	测算新编定额水平审查
收集编制资料	计算工作量	审查、修改新编定额
拟订编制方案	确定人工、材料、机械台班消耗量	报请主管部门审批
确定定额项目水平表现形式	计算定额基价	颁发执行新定额
	编制定额项目表	
	拟订文字说明	

从表 1-2 可以看出各个阶段所有的工作内容，这些工作具有相互交叉、多次反复的特点，且某些重点步骤在

确定计量方法上有具体的规则,如下所述。

(一)确定建筑装饰工程定额项目名称和工程内容

编制建筑装饰工程预算定额,首先要确定该建筑装饰工程预算定额项目名称(即分部分项工程项目及其所属子项目的名称)、定额项目、定额编号及其工程内容,一般根据建筑装饰工程预算定额的有关基础资料进行编制,并参照施工定额分项工程项目规定进行综合确定。这需要反映当前建筑装饰业的实际水平并具有广泛的代表性。工程内容的确定同时也决定了工程量计算项目的确定。

(二)确定建筑装饰工程施工方法

建筑装饰工程施工方法与预算定额项目中的各专业、各工种及相应的用工数量,各种材料、成品或半成品的用量,施工机械类型及其台班用量,以及定额基价等主要依据有着密切的关系。在建筑装饰工程项目中,因施工方法的不同,项目基价间存在着价格上的差异,所以其施工方法可以在项目名称上体现出来。如花岗岩拼花地面根据其施工方法与要求的不同,其项目名称可以分别是复杂拼花、简单拼花。

(三)确定建筑装饰工程定额项目计量单位

1. 计量单位确定的原则

定额计量单位确定的原则是,工程定额项目计量单位必须与定额项目一致和统一。它应当准确地反映出分项工程的实际消耗量,保证建筑装饰工程预算的准确性。同时,为保证预算定额的适用性,还要确定合理、必要的定额项目以简化工程量的定额换算工作。

建筑装饰工程项目的定额计量单位的选择,主要根据分项工程的形体特征和变化规律来确定,其具体内容如下:

① 长、宽、高都发生变化时,定额计量单位为 m^3,如混凝土、土石方、砖石等;

② 厚度一定,面积发生变化时,定额计量单位为 m^2,如墙面、地面等;

③ 截面形状大小固定,长度发生变化时,定额计量单位为延长米,如楼梯扶手、窗帘盒等;

④ 体积或面积相同,价格和重量差异大时,定额计量单位为 t 或 kg,如金属构件制作、安装工程等;

⑤ 形状不规则难以度量时,定额计量单位为个、套、件等,如装饰门套的计量单位为樘,电气工程中的开关、插座计量单位为个。

2. 计量单位的表示方法

建筑装饰工程定额项目计量单位均采用国际单位制。

① 人工的计量单位为工日;

② 木材的计量单位为 m^3;

③ 大芯板、胶合板的计量单位为 m^2 或 $100\ m^2$;

④ 铝合金型材的计量单位为 kg;

⑤ 电气设备的计量单位为台;

⑥ 钢筋及钢材的计量单位为 t;

⑦ 其他材料的计量单位依具体情况而定;

⑧ 机械的计量单位为台班;

⑨ 定额基价的计量单位为元。

3. 单位的表示方法

建筑装饰工程定额项目单位按国际单位制表示法。

① 长度的计量单位为 m、cm、mm；

② 面积的计量单位为 m²、cm²、mm²；

③ 体积的计量单位为 m³；

④ 重量的计量单位为 t、kg。

（四）建筑装饰工程定额工程量的计算

建筑装饰工程定额工程量的计算是为了通过施工设计图或资料所包括的施工过程的工程量的分别计算，使之在编制建筑装饰工程定额时，合理地利用施工定额的人工费、材料费和施工机械台班费等各项消耗量指标。

建筑装饰工程定额项目工程量的计算方法是：根据建筑装饰工程确定的分项工程和所含子项目，结合选定的施工设计图或设计资料、施工组织设计，按照工程量有关计算规则进行计算。所需要填写的主要内容如下：

① 选择确定施工设计图或设计资料的来源和名称；

② 确定建筑装饰工程的性质；

③ 建筑装饰工程中工程量计算表的编制说明；

④ 选择合适的图例和计算公式。

以上任务完成后，再根据建筑装饰工程预算定额单位，将已计算出的工程量数额折算成定额单位工程量，如地砖铺设、柱面贴面、天棚轻钢龙骨等，由 1 m² 折算成定额单位工程量 100 m²。

（五）建筑装饰工程定额单价的确定

1. 人工单价

人工单价亦称工日单价，是指预算定额确定的用工单价，正常条件下一名工人工作 8 小时为一工日，一般包括基本工资、工资性津贴和相关的保险费等。传统的基本工资是根据工资标准计算的，目前企业的工资标准大多由企业自己制订。

2. 材料单价

材料单价是指材料从采购到运输再到工地仓库或堆放场地后的出库价格。材料从采购、运输到保管的过程中，即在使用前所发生的全部费用，构成了材料单价。

不同的材料采购和供应方式，其构成材料单价的费用也不同，一般有以下几种。

（1）材料供货到工地现场　当材料供应商将材料供货到施工现场时，材料单价由材料原价、现场装卸搬运费、采购保管费等费用构成。

（2）到供货地点采购材料　当需要派人到供货地点采购材料时，材料单价由材料原价、运杂费和采购保管费构成。

（3）需二次加工的材料　若某些材料被采购回来后，还需要进一步加工时，材料单价除了上述费用外，还包括材料二次加工费。

综上所述，材料单价主要包括材料原价、运杂费（或现场搬运装卸费）、采购保管费等费用。若某些材料的包装品可以计算回收值，还应减去该项费用。

其中，材料原价是付给材料供应商的材料单价。当某种材料有两个或两个以上的材料供应商且材料原价不同时,应计算加权平均原价。通常包装费和手续费也包括在材料原价内。

材料运杂费是指采购材料的过程中,将材料从采购地点运输到工地仓库或堆放场地所发生的各项费用,包括装卸费、运输费和合理的运输损耗费等。

材料采购保管费是指承包商在组织采购和保管材料的过程中发生的各项费用,包括采购人员的工资、差旅交通费、通信费、业务费、仓库保管费等各项费用。采购保管费一般按发生的各项费用之和乘以一定的费率计算,通常取定为 2% 左右,计算公式为:

$$材料采购保管费=(材料原价+运杂费)×采购保管费费率$$

$$材料单价=(加权平均材料原价+加权平均材料运输费)×(1+采购保管费费率)-包装品回收值$$

单元四

建筑装饰工程预算定额的内容 ◀◀◀

建筑装饰工程预算定额就是在一定的施工技术与建筑艺术的综合条件下,为生产该项质量合格的装饰工程产品,消耗在单位装饰工程基本构造要素上的人工、材料和机械台班的数量标准与费用额度。这里所说的基本构造要素,就是通常所说的分项装饰工程或结构构件。

建筑装饰工程预算定额是建筑工程预算定额的组成部分。它涉及装饰装修技术、建筑艺术创作,也与装饰施工企业的内部管理,以及装饰工程造价的确定有密切的关系。其作用如下:

① 装饰工程预算定额是编制装饰工程施工图预算、确定和控制装饰工程造价的基础;

② 装饰工程预算定额是确定装饰工程招标控制价和投标报价的基础;

③ 装饰工程预算定额是编制装饰工程施工组织设计、进度计划的依据;

④ 装饰工程预算定额是装饰工程施工企业进行工程结算、经济分析的基础。

要正确利用装饰工程预算定额,必须全面了解它的组成内容。为了快速、准确地确定各分项工程的人工、材料和机械台班等消耗指标及费用标准,需要将建筑装饰工程预算定额项目按一定的顺序,分章、节、项和子目汇编成册,称为"装饰工程预算定额手册"等。建筑装饰工程预算定额的主要构成如表 1-3 所示。

不难看出,建筑装饰工程预算定额的主要内容是分项工程定额表。以现行的《江苏省建筑与装饰工程计

表 1-3 建筑装饰工程预算定额的组成结构

	预算定额总说明	
	分部工程及其说明	
建筑装饰工程预算定额	定额项目表	说 明
		工程量计算规则
		分项工程定额表
	定额附录	

价定额（2014 版）》为例，它分上、下两册，一共 1 000 多页左右的 A4 页面，分项工程定额表占去 90％以上。不过，前 12 章为建筑工程的内容，装饰工程定额项目表主要集中于下册。表 1-4 所示为现行的《江苏省建筑与装饰工程计价定额（2014 版）》的主要内容。

表 1-4　《江苏省建筑与装饰工程计价定额（2014 版）》的主要内容

章节	分部工程名称	备注	章节	分部工程名称	备注
	总说明		第十三章	楼地面工程	装饰工程
第一章	土、石方工程		第十四章	墙柱面工程	
第二章	地基处理及边坡支护工程		第十五章	天棚工程	
第三章	桩基工程		第十六章	门窗工程	
第四章	砌筑工程		第十七章	油漆、涂料、裱糊工程	
第五章	钢筋工程	土建工程	第十八章	其他零星工程	
第六章	混凝土工程		第十九章	建筑物超过增加费用	
第七章	金属结构工程		第二十章	脚手架工程	
第八章	构件运输及安装工程		第廿一章	模板工程	
第九章	木结构工程		第廿二章	施工排水、降水	
第十章	屋面及防水工程		第廿三章	建筑工程垂直运输	
第十一章	保温、隔热、防腐工程		第廿四章	场内二次搬运	
第十二章	厂区道路及排水工程				

1. 预算定额总说明的内容

预算定额总说明包括以下内容：

① 该预算定额的适用范围、指导思想及目的、作用；

② 该预算定额的编制原则、主要依据等；

③ 使用本定额必须遵守的规则、材质标准、允许换算的原则；

④ 该预算定额的编制过程中已考虑的、未考虑的因素及未包括的内容。

现以《江苏省建筑与装饰工程计价定额（2014 版）》总说明中与装饰工程有关的内容为例，进行说明。

一、为了贯彻执行住房和城乡建设部《建设工程工程量清单计价规范》（GB 50500—2013）以及《房屋建筑与装饰工程工程量计算规范》（GB 50854—2013），适应江苏省建设工程市场计价的需要，为工程建设各方提供计价依据，省住房和城乡建设厅组织有关人员对《江苏省建筑与装饰工程计价表》进行了修订，形成了《江苏省建筑与装饰工程计价定额（2014 版）》（以下简称本定额）。本定额共分上、下两册。

二、本定额适用于江苏省行政区域范围内一般工业与民用建筑的新建、扩建、改建工程及其单独装饰工程。国有资金投资的建筑与装饰工程应执行本定额；非国有资金投资的建筑与装饰工程可参照使用本定额；当工程施工合同约定按本定额规定计价时，应遵守本定额的相关规定。

三、本定额的编制依据：

1.《江苏省建筑与装饰工程计价表》；

2.《全国统一建筑工程基础定额》；

3.《全国统一建筑装饰装修工程消耗量定额》(GYD-901—2002);

4.《建设工程劳动定额建筑工程》[LD/T72.1～11—2008];

5.《建设工程劳动定额装饰工程》[LD/T73.1～4—2008];

7.《全国统一建筑安装工程工期定额》(2000年);

8.《全国统一施工机械台班费用编制规则》;

9. 南京市2013年下半年建筑工程材料指导价格。

四、本定额的作用:

1. 编制工程招标控制价(最高投标限价)的依据;

2. 编制工程标底、结算审核的指导;

3. 工程投标报价、企业内部核算、制定企业定额的参考;

4. 编制建筑工程概算定额的依据;

5. 建设行政主管部门调解工程价款争议、合理确定工程造价的依据。

五、本定额由24章及9个附录组成,包括一般工业与民用建筑的工程实体项目和部分措施项目;不能列出定额项目的措施费用,应按照《江苏省建设工程费用定额》(2014年)的规定进行计算。

六、本定额中的综合单价由人工费、材料费、机械费、管理费、利润等五项费用组成。一般建筑工程、打桩工程的管理费与利润,已按照三类工程标准计入综合单价内;一、二类工程和单独发包的专业工程应根据《江苏省建设工程费用定额》(2014年)规定,对管理费和利润进行调整后计入综合单价内。定额项目中带括号的材料价格供选用,不包含在综合单价内。部分定额项目在引用了其他项目综合单价时,引用的项目综合单价列入材料费一栏,但其五项费用数据在项目汇总时已做拆解分析,使用中应予注意。

七、本定额是按在正常的施工条件下,结合江苏省颁发的地方标准《江苏省建筑安装工程施工技术操作规程》(DGJ32/27～52—2006)、现行的施工及验收规范和江苏省颁发的部分建筑构、配件通用图做法进行编制。

八、本定额的装饰项目是按中档装饰水准编制的,设计四星级及四星级以上宾馆、总统套房、展览馆及公共建筑等对其装修有特殊设计要求和较高艺术造型的装饰工程时,应适当增加人工,增加标准在招标文件或合同中明确,一般控制在10%以内。

九、家庭室内装饰可以执行本定额,执行本定额时其人工乘以系数1.15。

十、本定额中未包括的拆除、铲除、拆换、零星修补等项目,应按照《江苏省房屋修缮工程计价表》(2009年)及其配套费用定额执行;未包括的水电安装项目按照《江苏省安装工程计价定额(2014版)》及其配套费用定额执行。因本定额缺项而使用其他专业定额消耗量时,仍按本定额对应的费用定额执行。

十一、本定额中规定的工作内容均包括完成该项目过程的全部工序以及施工过程中所需的人工、材料、半成品和机械台班数量。除定额中有规定允许调整外,其余不得因具体工程的施工组织设计、施工方法和工、料、机等耗用与定额有出入而调整定额用量。

十二、本定额中的檐高是指设计室外地面至檐口的高度。檐口高度按以下情况确定:

1. 坡(瓦)屋面按檐墙中心线处屋面板面或椽子上表面的高度计算。

2. 平屋面以檐墙中心线处平屋面的板面高度计算。

3. 屋面女儿墙、电梯间、楼梯间、水箱等高度不计入。

十三、本定额人工工资分别按一类工85.00元/工日、二类工82.00元/工日、三类工77.00元/工日计算。每工日按八小时工作制计算。工日中包括基本用工、材料场内运输用工、部分项目的材料加工及人工幅度差。

十四、材料消耗量及有关规定：

1. 本定额中材料预算价格的组成：

材料预算价格＝[采购原价（包括供销部门手续费和包装费）＋场外运输费]×1.02（采购保管费）

2. 本定额项目中的主要材料、成品、半成品均按合格的品种、规格加附录中的操作损耗以数量列入定额，次要材料以"其他材料费"按"元"列入。

3. 周转性材料已按"规范"及"操作规程"的要求以摊销量列入相应项目。

4. 使用现场集中搅拌混凝土时综合单价应调整。本定额按 C25 以下的混凝土以 32.5 级复合硅酸盐水泥、C25 以上的混凝土以 42.5 级硅酸盐水泥、砌筑砂浆与抹灰砂浆以 32.5 级硅酸盐水泥的配合比列入综合单价；混凝土实际使用水泥级别与定额取定不符，竣工结算时以实际使用的水泥级别按配合比的规定进行调整；砌筑、抹灰砂浆使用水泥级别与定额取定不符，水泥用量不调整，价差应调整。本定额各章项目综合单价取定的混凝土、砂浆强度等级，设计与定额不符时可以调整。

5. 本定额中，砂浆按现拌砂浆考虑。如使用预拌砂浆，按定额中相应现拌砂浆定额子目进行套用和换算，并按以下办法对人工工日、材料、机械台班进行调整。

(1) 使用湿拌砂浆：扣除人工 0.45 工日/m³（指砂浆用量）；将现拌砂浆换算成湿拌砂浆，扣除相应定额子目中的灰浆拌和机台班。

(2) 使用散装干拌（混）砂浆：扣除人工 0.3 工日/m³（指砂浆用量）；干拌（混）砂浆和水的配合比可按砂浆生产企业使用说明的要求计算，编制预算时，应将每立方米现拌砂浆换算成干拌（混）砂浆 1.75 t 及水 0.29 t；扣除相应定额子目中的灰浆拌和机台班，另增加电 2.15 kW·h/m³（指砂浆用量），该电费计入其他机械费中。

(3) 使用袋装干拌（混）砂浆：扣除人工 0.2 工日/m³（指砂浆用量）；干拌（混）砂浆和水的配合比可按砂浆生产企业使用说明的要求计算，编制预算时，应将每立方米现拌砂浆换算成干拌（混）砂浆 1.75 t 及水 0.29 t。

6. 本定额项目中的黏土材料，如就地取土，应扣除黏土价格，另增挖、运土方费用。

7. 现浇、预制混凝土构件内的预埋铁件，应另列预埋铁件制作、安装等项目进行计算。

8. 本定额中，凡注明规格的木材及周转木材单价中，均已包括方板材改制成定额规格木材或周转木材的加工费。方板材改制成定额规格木材或周转木材的出材率按 91% 计算（所购置方板材＝定额用量×1.098 9），圆木改制成方板材的出材率及加工费另行计算。

9. 本定额项目中的综合单价、附录中的材料预算价格仅反映定额编制期的市场价格水平；编制工程概算、预算、结算时，按工程实际发生的预算价格计入综合单价内。

10. 建设单位供应的材料，建设单位完成了采购和运输并将材料运至施工工地仓库交施工单位保管的，施工单位退价时应按实际发生的预算价格除以 1.01 退给建设单位（1% 作为施工单位的现场保管费）；建设单位供应木材中板材（厚 25 mm 以内）到现场退价时，按定额分析用量和每立方米预算价格除以 1.01 再减 105 元后的单价退给甲方。

十五、本定额的垂直运输机械费已包含了单位工程在经江苏省调整后的国家定额工期内完成全部工程项目所需要的垂直运输机械台班费用。

十六、本定额的机械台班单价按《江苏省施工机械台班 2007 年单价表》取定，其中：人工工资单价 82.00 元/工日；汽油 10.64 元/kg；柴油 9.03 元/kg；煤 1.1 元/kg；电 0.89 元/(kW·h)；水 4.70 元/m³。

十七、本定额中，除脚手架、垂直运输费用定额已注明其适用高度外，其余章节均按檐口高度在 20 m 以内编制的。超过 20 m 时，建筑工程另按建筑物超高增加费用定额计算超高增加费，单独装饰工程则另外计取超高人工降效费。

十八、本定额中的塔吊、施工电梯基础、塔吊电梯与建筑物连接件项目，供编制施工图预算、最高投标限价（招标控制价）、标底使用，投标报价、竣工结算时应根据施工方案进行调整。

十九、为方便发承包双方的工程量计量，本定额在附录一中列出了混凝土构件的模板、钢筋含量表，供参考使用。按设计图纸计算模板接触面积或使用混凝土含模量折算模板面积，同一工程两种方法仅能使用其中一种，不得混用。竣工结算时，使用含模量者，模板面积不得调整；使用含钢量者，钢筋应按设计图纸计算的重量进行调整。

二十、钢材理论质量与实际质量不符时，钢材数量可以调整，调整系数由施工单位提出资料与建设单位、设计单位共同研究确定。

二十一、现场堆放材料有困难，材料不能直接运到单位工程周边需再次中转，建设单位不能按正常合理的施工组织设计提供材料、构件堆放场地和临时设施用地的工程而发生的二次搬运费用，按第二十四章子目执行。

二十二、工程施工用水、电，应由建设单位在现场装置水表、电表，交施工单位保管使用，施工单位按电表读数乘以单价付给建设单位；如无条件装表计量，由建设单位直接提供水电，在竣工结算时按定额含量乘以单价付给建设单位。生活用电按实际发生金额支付。

二十三、同时使用两个或两个以上系数时，采用连乘方法计算。

二十四、本定额的缺项项目，由施工单位提出实际耗用的人工、材料、机械含量测算资料，经工程所在市工程造价管理处（站）批准并报江苏省建设工程造价管理总站备案后方可执行。

二十五、本定额中凡注有"×××以内"均包括"×××"本身，"×××以上"均不包括"×××"本身。

二十六、本定额由江苏省建设工程造价管理总站负责解释。

由上述总说明的内容足以证明定额的科学严谨性、实践性及法令性等。除此之外，总说明还包括建筑面积计算规则、工程费用计算规则和分部工程及其说明的内容等，其中，工程费用计算规则和分部工程及其说明两部分内容，将在下一项目中学习。

2. 定额项目表

定额项目表由分项工程定额组成，它是预算定额的主要组成部分，包括以下内容：

① 分项工程定额编号（子目号）；

② 分项工程定额名称；

③ 预算价格（基价），一般包括人工费、材料费、机械费；

④ 人工表现形式，包括工种、工日数量；

⑤ 材料表现形式，材料栏内一般有主要材料名称及消耗数量，次要材料一般都归为其他材料形式，用金额"元"表示；

⑥ 施工机械表现形式；

⑦ 预算定额的单价，包括工资、材料和机械台班单价。预算定额的单价是预算定额的核心内容。

以《江苏省建筑与装饰工程计价定额（2014 版）》中地砖一项工程的预算定额为例，如表 1-5 所示。

表 1-5　地砖

工作内容:清理基层、锯板磨细、贴地砖、擦缝、清理净面、调制水泥砂浆、刷素水泥砂浆、调制黏结剂。

计量单位:10 m²

定额编号				13-83		13-84		13-85		13-86	
项　　目		单位	单价	楼地面单块 0.4 m² 以内地砖				楼地面单块 0.4 m² 以外地砖			
				水泥砂浆		干粉型黏结剂		水泥砂浆		干粉型黏结剂	
				数量	合价	数量	合价	数量	合价	数量	合价
综合单价		元		979.32		1 189.18		970.83		1 177.20	
其中	人工费	元		281.35		301.75		275.40		293.25	
	材料费	元		588.83		770.74		588.67		770.58	
	机械费	元		3.68		3.68		3.55		3.55	
	管理费	元		71.26		76.36		69.74		74.20	
	利润	元		34.2		36.65		33.47		35.62	
一类工		工日	85.00	3.31	281.35	3.55	301.75	3.24	275.40	3.45	293.25
材料	06650101 同质地砖	m²	50.00	10.20	510.00	10.20	510.00	10.20	510.00	10.20	510.00
	80010123 水泥砂浆 1:2	m³	275.64	0.051	14.06			0.051	14.06		
	80010125 水泥砂浆 1:3	m³	239.65	0.202	48.41	0.202	48.41	0.202	48.41	0.202	48.41
	80110303 素水泥浆	m³	472.71	0.01	4.73			0.01	4.73		
	04010701 白水泥	kg	0.70	1.00	0.70	2.00	1.40	1.00	0.70	2.00	1.40
	12410163 干粉型黏结剂	kg	5.00			40.00	200.00			40.00	200.00
	03652403 合金钢切割锯片	片	80.00	0.027	2.16	0.027	2.16	0.025	2.00	0.025	2.00
	05250502 锯(木)屑	m³	55.00	0.06	3.30	0.06	3.30	0.06	3.30	0.06	3.30
	31110301 棉纱头	kg	6.50	0.10	0.65	0.10	0.65	0.10	0.65	0.10	0.65
	31150101 水	m³	4.7	0.26	1.22	0.26	1.22	0.26	1.22	0.26	1.22
	其他材料费	元			3.60		3.60		3.60		3.60
机械	99050503 灰浆搅拌机 拌筒容量 200L	台班	122.64	0.017	2.08	0.017	2.08	0.017	2.08	0.017	2.08
	99230127 石料切割机	台班	14.69	0.109	1.60	0.109	1.60	0.10	1.47	0.10	1.47

注:当地面遇到弧形墙面时,其弧形部分的地砖损耗可按实调整,并按弧形图示尺寸每 10 m 增加切贴人工 0.3 工日。

　　如表 1-5 所示,定额编号为 13-83 的分项工程名称为,水泥砂浆粘贴单块 0.4 m² 以内地砖楼地面,其综合单价为 979.32 元/10 m²,由人工费、材料费、机械费、管理费和利润五部分构成。其中,人工费、材料费和机械费为施工实际消耗量,管理费和利润分别以人工费与机械费的和作为基数乘以各自的费率得来,其中管理费的费率为 25%,利润的费率为 12%。表 1-5 的下半部分是对上半部分的详细解释,即人工费的工种为一类工,数量为 3.31 工日;材料主要由主材 10.20 m² 同质地砖以及 0.051 m³ 的 1:2 水泥砂浆、0.202 m³ 1:3 水泥砂浆、0.01 m³ 素水泥浆、1 kg 白水泥、0.10 kg 棉纱头、0.06 m³ 锯(木)屑、0.027 片合金钢切割锯片和 0.26 m³ 的水等辅材组成,其他零星材料费综合为 3.60 元/10 m²;施工机械费消耗很小,主要为灰浆搅拌机和石料切割机;一类工和各材料、机械的数量和单价均已给出,根据公式"数量×单价=合价",可以算出人工费、材料费和机械费或者其中任一材料和机械使用的费用。

3. 定额附录(或附表)

组成预算定额的最后一部分是附录,是配合定额使用不可缺少的重要组成部分,一般包括以下内容:

① 各种不同标号、不同体积比的砂浆、装饰油漆等多种原材料组成的配合比材料用量表;

② 各种材料成品或半成品操作损耗系数表;

③ 常用的建筑材料名称及规格换算表;

④ 材料、机械综合取费价格表。

单元五

建筑装饰工程预算定额的应用 ◀◀◀◀

建筑装饰工程预算定额在工程设计、施工等领域都得到广泛应用。其具体作用如下。

一、建筑装饰工程预算定额的作用

1. 编制施工图预算、确定和控制建筑安装工程造价的基础

编制施工图预算,除设计文件决定的建设工程的功能、规模、尺寸和文字说明是计算分部分项工程量和结构构件数量的依据外,预算定额是确定一定计量单位工程人工、材料、机械消耗量的依据,也是计算分项工程单价的基础。

2. 对设计方案进行技术经济比较、技术经济分析的依据

设计方案在设计工作中居于中心地位。设计方案的选择要满足功能、符合设计规范,既要技术先进又要经济合理。根据预算定额对方案进行技术经济分析和比较,是选择经济合理设计方案的重要方法。对设计方案进行比较,主要是采用通过定额对不同方案所需人工、材料和机械台班消耗量等进行比较的方法。这种比较可以判明不同方案对工程造价的影响。对于新结构、新材料的应用和推广,也需要借助于预算定额进行技术分项和比较,从技术与经济的结合上考虑普遍采用的可能性和效益。

3. 施工企业进行经济活动分项的参考依据

实行经济核算的根本目的,是用经济的方法促使企业在保证质量和工期的条件下,用较少的劳动消耗取得预定的经济效果。在目前,我国的预算定额仍决定着企业的收入,企业必须以预算定额作为评价企业工作的重要标准。企业可根据预算定额,对施工中的劳动、材料、机械的消耗情况进行具体的分析,以便找出低工效、高消耗的薄弱环节及其原因,为实现经济效益的增长,由粗放型向集约型转变,提供对比数据,促进企业提高在市场上的竞争能力。

4. 编制招标控制价、投标报价的基础

在深化改革中,在市场经济体制下预算定额作为编制标底的依据和施工企业报价的基础的作用仍将存在,这是由它本身的科学性和权威性决定的。

5. 编制概算定额和估算指标的基础

概算定额和估算指标是在预算定额基础上经综合扩大编制的，也需要利用预算定额作为编制依据，这样做不但可以节省编制工作中的人力、物力和时间，收到事半功倍的效果，还可以使概算定额和概算指标在水平上与预算定额一致，以避免造成执行中的不一致。

此外，建筑装饰工程预算定额也是办理工程价款、处理承发包关系的主要依据之一。定额应用是否正确，直接影响装饰工程造价的合理与否，因此，造价人员必须熟练而准确地使用预算定额。

二、定额编号

为了便于查阅、核对和审查定额项目选套是否准确合理，提高建筑装饰工程施工图预算的编制质量，在进行建筑装饰施工图预算时，必须填写定额编号。同时，应用装饰预算软件填写定额编号，还能大量节省预算编制时间。

定额编号通常采用"二符号"编号法，即采用定额中分部工程序号加子项目序号两个号码进行定额编号。其表达形式为：分部工程序号-子项目序号。

例如，《江苏省建筑与装饰工程计价定额（2014版）》中，钢骨架上干挂石材块料面板墙面，属于装饰工程项目，在定额中是第十四章的内容，钢骨架上干挂石材块料面板墙面在第十四章排在第136个子项目，则其定额编号为14-136，对应其综合单价为4 270.96元/10 m²。

三、定额的应用方法

1. 定额的直接套用

当施工图设计的工程项目内容，与所选套的相应定额内容一致时，必须按定额的规定直接套用定额。在编制建筑装饰工程施工图预算、选套定额项目和确定分部分项工程费时，大多属于这种情况。

直接套用定额项目的步骤如下。

① 根据施工图设计的工程项目内容，从定额目录中查出该工程项目所在定额中的位置。

② 判断施工图设计的工程项目内容与定额规定的内容是否一致。当完全一致，或者虽然不一致，但定额规定不允许换算或调整时，即可直接套用定额综合单价。在套用定额综合单价前，必须注意分项工程的名称、规格、计量单位要与定额规定的相一致。

③ 将定额编号和综合单价，包括人工费、材料费、机械使用费、管理费和利润等，分别填入建筑装饰工程预算表内。当应用软件编制计价资料时，只需输入定额编号，其所有内容就自动跳出，在给定工程量的情况下，还能够自动进行合价的计算。

【例1】 一包间地面铺设600 mm×600 mm同质地砖，水泥砂浆粘贴，其工程量为16.4 m²，试确定其人工费、材料费、机械费、管理费、利润及该项工程的直接工程费。

解 ①根据《江苏省建筑与装饰工程计价定额（2014版）》，从定额目录中查出，楼地面工程为第十三章，地砖属于块料面层，应在第十三章第四部分中查找，在这一部分，同质地砖排在石材块料面层，石材块料面板多色简单图案拼贴，缸砖、马赛克、凹凸假麻石块三个项目之后，排在第4项。

② 经过对照可知，水泥砂浆粘贴600 mm×600 mm同质地砖楼地面符合13-83定额规定的内容，可直接套

用定额项目。

③ 从 13-83 定额项目表中查得单块 0.4 m² 以内地砖楼地面的综合单价包括人工费、材料费、机械费、管理费和利润，每 10 m² 综合单价为 979.32 元，其中人工费为 281.35 元，材料费为 588.83 元，机械费为 3.68 元，管理费为 71.26 元，利润为 34.20 元。

④ 计算水泥砂浆铺贴 600 mm×600 mm 同质地砖楼地面的人工费、材料费、管理费、利润、直接工程费为：

人工费＝281.35×16.4/10 元＝461.41 元

材料费＝588.83×16.4/10 元＝965.68 元

机械费＝3.68×16.4/10 元＝6.04 元

管理费＝71.26×16.4/10 元＝116.87 元

利润＝34.20×16.4/10 元＝56.09 元

直接工程费＝人工费＋材料费＋机械费＝461.41 元＋965.68 元＋6.04 元＝1 433.13 元

2. 定额的换算

如果施工图设计的工程项目内容没有完全对应的定额项目，不能直接套用定额，就需要换算，即选用与工程内容最相接近的定额项目，套用时经过部分换算即可。定额的换算一般分为价格换算、材料换算和系数换算。

1）价格换算

预算定额虽然已经给出了单位工程的数量额度和费用标准，但是由于定额的相对稳定性，在定额中，人工、材料和机械使用费的单价是在某一时间段内给定的预算价，实际价格随着市场情况在变化，这样实际单价与定额预算价出现了价差，导致预算工程造价与实际工程造价会出现差额，直接影响到业主与承包商的经济利益。为了准确计算出工程造价，要根据市场行情，采用当时、当地人工单价、各种材料单价和机械台班单价，结合定额的数量标准，重新分析各分部分项工程的综合单价。一般分为人工单价换算、材料单价换算和机械台班单价换算，实际预算中，以上三种单价的换算往往同时用到。

【例2】 一包间地面铺设 600 mm×600 mm 同质地砖，水泥砂浆粘贴，其工程量为 16.4 m²。如果市场价人工费为 120 元/工日，地砖市场价为 40 元/块，试计算该项工程的综合单价。

解　① 根据《江苏省建筑与装饰工程计价定额（2014 版）》13-83 定额项目表可以查出对应项目综合单价及其明细。

② 按市场价和定额消耗量计算水泥砂浆铺贴 10 m² 的 600 mm×600 mm 同质地砖楼地面的人工费、材料费、管理费、利润及综合单价为：

人工费＝3.31×120 元＝397.20 元

材料费只考虑主材价格变化，600 mm×600 mm 同质地砖 40 元/块，

[1/0.6×0.6] 块＝2.78 块，2.78 块×40 元/块＝111.2 元

主材地砖费用＝10.20×111.2 元＝1 134.24 元

材料费＝588.83 元－510.00 元＋1 134.24 元＝1 213.07 元

机械费＝3.68 元

管理费＝（397.20＋3.68）元×25%＝100.22 元

利润＝（397.20＋3.68）元×12%＝48.11 元

综合单价＝397.20 元＋1 213.07 元＋3.68 元＋100.22 元＋48.11 元＝1 762.28 元

综合单价分析是目前计算工程造价最关键的一个步骤。在投标文件中，工程量清单综合单价分析表有标准的格式。例2中综合单价分析表如表 1-6 所示。

表 1-6 工程量清单综合单价分析表

工程名称：××楼地面工程　　　　　　　　　标段：　　　　　　　　　　第 1 页　共 1 页

项目编码	011102001001		项目名称			块料楼地面		计量单位		m²
清单综合单价组成明细										

定额编号	定额名称	定额单位	数量	单价					合价				
				人工费	材料费	机械费	管理费	利润	人工费	材料费	机械费	管理费	利润
13-83	楼地面单块 0.4 m² 以内地砖水泥砂浆粘贴	10 m²	0.1	397.2	1 213.07	3.68	100.22	48.11	39.72	121.31	0.37	10.02	4.81
综合人工工日			小计						39.72	121.31	0.37	10.02	4.81
0.353 工日			未计价材料费						0				
清单项目综合单价									176.23				

	主要材料名称、规格、型号	单位	数量	单价/元	合价/元	暂估单价/元	暂估合价/元
材料费明细	同质地砖	m²	1.02	111.2	113.42		
	水泥 32.5 级	kg	12.60	0.31	3.91		
	中砂	t	0.04	69.37	2.78		
	水	m³	0.03	4.7	0.16		
	白水泥	kg	0.10	0.7	0.07		
	合金钢切割锯片	片	0.00	80	0.22		
	锯（木）屑	m³	0.01	55	0.33		
	棉纱头	kg	0.01	6.5	0.07		
	其他材料费	元	0.36	1	0.36		
	材料费小计		—		121.31	—	

　　由于手算和电算的区别，计算出的综合单价，甚至于工程造价，小数点后的位数多少有出入，均属正常。

　　2）材料换算法

　　利用性质相似、材料大致相同、施工方法又很接近的定额项目，可以采用材料换算法进行计算。

　　【例 3】　某库房长 8 m、宽 5 m，需在其砼地面上做 20 cm 厚 1:2 防水砂浆找平层，试计算该项目的综合单价。

　　解　①根据《江苏省建筑与装饰工程计价定额（2014 版）》，从定额中查得，13-15 定额项目为砼或硬基层抹水泥砂浆找平层，如表 1-7 所示。

　　②经过对比可知，该项目与 13-15 定额规定的内容最相似，但不完全一样，该项目所用砂浆为 1:2 防水砂浆，而 13-15 定额项目中砂浆为 1:3 水泥砂浆，故不可直接套用定额项目。

　　③根据相关规定，该项目预算需要进行材料换算。将定额项目中 20 cm 厚 1:3 水泥砂浆换算为 20 cm 厚 1:2 防水砂浆，相应的材料单价也需同时换算。

　　④查得所用到 1:2 防水砂浆的单价为 414.89 元 /m³，根据定额计算 10 m² 的砼基层抹 20 cm 厚 1:2 防水砂

浆的综合单价为：

$$综合单价＝130.68 元－48.69 元＋0.202×414.89 元＝165.80 元$$

表 1-7　找平层

工作内容：清理基层、调运砂浆、抹平、压实。　　　　　　　　　　　　　　　　　　　　　计量单位：10 m²

定额编号				13-15		13-16		13-17	
项　目		单位	单价	水泥砂浆（厚 20 mm）					
				砼或硬基层上		在填充材料上		厚度每增（减）5 mm	
				数量	合价	数量	合价	数量	合价
综合单价		元		130.68		163.84		28.51	
其中	人工费	元		54.94		68.88		10.66	
	材料费	元		48.69		60.91		12.22	
	机械费	元		4.91		6.25		1.23	
	管理费	元		14.96		18.78		2.97	
	利润	元		7.18		9.02		1.43	
二类工		工日	82.00	0.67	54.94	0.84	68.88	0.13	10.66
材料	013005 水泥砂浆 1:3	m³	239.65	0.202	48.41	0.253	60.63	0.051	12.22
	613206 水	m³	4.70	0.06	0.28	0.06	0.28		
机械	06016 灰浆搅拌机 200 L	台班	122.64	0.04	4.91	0.051	6.25	0.01	1.23

3）系数换算法

利用性质相似、材料大致相同、施工方法又很接近的定额项目，也采用一定系数进行计算。应用此种方法时应注意，在施工实践中要加以观察和测定，同时也为今后新编定额、补充定额项目做准备。

【例 4】　一项目为现浇拱形楼梯天棚面抹灰，经查《江苏省建筑与装饰工程计价定额（2014 版）》得，只有 15-87 定额项目内容与该项目最相似，其内容为现浇混凝土天棚面抹灰，其综合单价为 191.05 元 /10m²。试计算该项目的综合单价。

解　经查《江苏省建筑与装饰工程计价定额（2014 版）》15-87 定额项目，在计价表的下方注释中写道"拱形楼梯天棚面抹灰按相应子目人工乘系数 1.5"，故该项目的综合单价为：

$$191.05 元－111.52 元＋(1.36×82)×1.5 元＝246.81 元$$

四、套用补充定额项目

补充定额项目的出现是由于定额的相对稳定性。在实际施工图纸设计的某些工程项目中，经常会出现新材料、新工艺、新结构、新构造等，在编制预算定额时尚未考虑和列入，而且也没有类似定额项目可供借鉴，为了保证建筑装饰工程设计与施工质量，确定合理的建筑装饰工程造价，在此情况下，必须编制补充定额项目，报请工程造价管理部门审批同意后方可执行。套用补充定额时，应在定额编号的分部工程序号旁边注明"补"字，如"省补 14-3"等。

五、套用定额时应注意的几个问题

① 查阅定额前,要认真阅读定额总说明、分部工程说明以及有关附注的内容,熟悉和掌握有关定额的适用范围、定额已考虑和未考虑的因素以及有关规定。

② 认真阅读定额各章说明及有关附录(附表)的相关内容,透彻理解各章定额子目的具体适用条件及相关配套使用的规定,要理解定额中的用语以及符号的含义。

③ 浏览各章定额子目,建立对定额项目划分及计量单位进行初步认识的框架;认真阅读定额子目的工作内容,将工作内容与定额子目密切联系起来。通过使用定额子目和阅读定额子目中人工消耗量、材料消耗量和机械台班消耗量的相关信息,进一步加深理解各定额子目的关系,在熟悉施工图的基础上,准确、迅速地计算出每个子目的合价。

④ 要熟练掌握各分项工程的工程量计算规则。在掌握工程量计算规则及进行工程量计算时,只有熟悉定额子目及所包括的工作内容,才能使工程量计算在合理划分项目的前提下进行,保证工程量计算与定额子目相对应,做到不重算、不漏算。

⑤ 要明确定额换算范围,正确应用定额附录资料,熟练地进行定额项目的换算与调整。

 思考与练习

一、单选题

1. 建筑装饰工程定额项目计量单位均以国际单位制表示,其中木材的计量单位表示为( )。

A. t B. m^2 C. kg D. m^3

2. 根据我国现行的工程量清单规范规定,单价采用的是( )。

A. 人工费单价 B. 工料单价 C. 全费用单价 D. 综合单价

3. 工程量清单计价模式下,综合单价中的利润的计算基数和费率分别是( )。

A. 人工费,12% B. 人工费＋机械费,12%

C. 人工费,25% D. 人工费＋机械费,25%

4. 图书馆大厅面积为 80 m^2,水泥砂浆铺地砖,规格为 800 mm×800 mm,其定额综合单价为( )。

A. 395.05 元/10 m^2 B. 395.05 元/m^2 C. 3 160.4 元/m^2 D. 3 160.4 元/10m^2

5. 下列定额中,按社会平均先进水平编制的是( )。

A. 预算定额 B. 概算定额 C. 施工定额 D. 估算指标

6. 在 1 200 mm×1 200 mm 的石材楼地面铺贴项目中,材料费所占比例为( )。

A. 50%左右 B. 60%左右 C. 70%左右 D. 80%左右

7. 某公装工程一共用 600 mm×600 mm 地砖 800 块,分两批采购,第一批采购了 520 块,单价为 50 元/块,运到工地的费用为 0.4 元/块,其余的单价为 85 元/块,运费为 0.5 元/块,该地砖的采购保管费率为 2%,包装品共回收 75 元,则该地砖的单价为( )。

A. 62.25 元/块 B. 67.50 元/块 C. 63.85 元/块 D. 62.69 元/块

8. 建筑装饰工程预算定额的编制原则不包括( )。

A. 按平均水平确定 B. 简明、适用性原则

C. 统一性和差别性相结合 D. 按平均先进水平确定

9. 按照工程量清单计价规定,分部分项工程量清单应采用综合单价计价,该综合单价中没有包括的费用是(　　)。

A. 措施费　　　　　　　B. 管理费　　　　　　　C. 利润　　　　　　　D. 材料费

10. 做在隔音材料上的厚度为 25 mm 的水泥砂浆找平层,其定额综合单价为(　　)。

A. 163.84 元/10m²　　B. 159.19 元/10m²　　C. 130.68 元/10m²　　D. 192.35 元/10m²

二、多选题

1. 定额按用途分,包括以下几种(　　)。

A. 预算定额　　　　　　　　B. 材料消耗定额　　　　　　　C. 施工定额

D. 投资估算指标　　　　　　E. 概算定额

2. 现行的建筑与装饰工程计价表中,主要包括的内容有(　　)。

A. 预算定额总说明　　　　　B. 分部工程及其说明　　　　　C. 工程量清单规范

D. 定额项目表　　　　　　　E. 定额附录

3. 现行的建筑与装饰工程计价表,装饰工程主要包括(　　)。

A. 顶棚工程　　　　　　　　B. 油漆、涂料、裱糊工程　　　　C. 砌筑工程

D. 木结构工程　　　　　　　E. 其他零星工程

4. 下列论述正确的有(　　)。

A. 概算定额用于编制初步设计概算　　　B. 补充定额也是定额的一种

C. 工程量计算规则是工程计价的依据之一　　　D. 预算定额是生产性定额

E. 定额的法令性永远有效

5. 分部分项定额表包括的内容有(　　)。

A. 工程量计算规则　　　　　B. 工作内容　　　　　　　C. 主要材料用量表

D. 定额编号　　　　　　　　E. 必要的措施费

6. 下列包含在综合单价里的有(　　)。

A. 管理人员的工资　　　　　B. 乳胶漆喷涂机的费用　　　　C. 垃圾清运工人的工资

D. 工程的利润　　　　　　　E. 技术人员的培训费

7. 工程建设定额包括多种类定额,可以按照不同的原则和方法对它进行科学的分类。其按适用目的可分为(　　)等。

A. 建筑工程定额　　　　　　B. 建筑安装工程费用定额　　　　C. 设备安装工程定额、工器具定额

D. 工程建设其他费用定额　　E. 施工定额

三、思考题

1. 简述建筑装饰工程预算定额、企业定额和施工定额三者的区别。

2. 所有的综合单价是否均由人工费、材料费、机械费、管理费、利润和风险因素构成?(例如:根据经验,红榉木包门套 600 元/樘,全包价,是否需分析人工费、材料费、机械费?)

四、练习题

一计量室长 8 m,宽 6 m,地面先进行 15 mm 厚水泥砂浆找平后,用水泥砂浆粘贴 600 mm×600 mm 同质地砖。如果市场价人工费为 110 元/工日,地砖按市场价 50 元/块计价,试分别计算:

(1) 该项工程的人工数量;

(2) 该项工程的材料费;

(3) 该项工程的利润;

(4) 该项工程的综合单价;

(5) 完成该项目的综合单价分析表。

项目二
建筑装饰工程量计算与工程量清单编制

ShiNeiZhuangShi

GongCheng Zaojia

教学目标

最终目标:掌握装饰部位工程量计算规则及内容,并编制出准确的工程量清单。

促成目标:(1)掌握工程量清单的内容及格式;

　　　　　(2)熟悉各工程项目所包括的内容;

　　　　　(3)理解各装饰部位构造与施工工艺;

　　　　　(4)培养严谨认真的工作作风。

工作任务

对给定的图纸及说明进行工程量计算,并编制出准确的工程量清单。

活动设计

1. 活动思路

通过例题与练习熟练应用工程量计算规则,最终能够对给定的图纸及其他资料进行工程量计算,并编制出准确的工程量清单。

2. 活动评价

评价内容为学生作业;评价标准如下:

评价等级	评价标准
优秀	能够运用正确的方法和步骤对给定的图纸进行工程量计算,计算结果准确,考虑问题全面,能够做到不重算、不漏算;工程量清单编制正确
合格	能够运用正确的方法和步骤对给定的图纸进行工程量计算,计算结果大部分准确,考虑问题比较全面;工程量清单编制基本正确
不合格	不能运用正确的方法和步骤对给定的图纸进行工程量计算,计算结果大部分不准确,考虑问题不全面;工程量清单编制不全面

单元一

建筑装饰工程量计算 ◀◀◀

工程量是编制工程造价的原始数据,是计算分部分项工程费、确定工程造价的重要依据;是进行工料分析,编制材料需要量计划或半成品加工计划的直接依据;是编制施工进度计划、检查计划执行情况、进行统计分析的重要依据。能否准确、及时地完成工程量计算工作,会直接影响到工程造价编制的质量和进度。

一、工程量计算规则

工程量计算是一项严谨细致的工作,要绝对避免重算和漏算。在计算过程中,应注意以下几个方面。

① 认真熟悉施工图纸，严格按照工程量计算规则进行计算，不得随意加大或缩小各部位的尺寸。如内墙净长应该按从一面内墙内表面到另一面内墙内表面之间的距离计算，不能以轴线间距作为内墙净长线。

② 为了便于检查核对，在计算工程量时，一定要注明层次、部位等。

③ 为了便于检查核对，工程计算式中的数字，应按一定的顺序排列。如长×宽（高）、长×宽×高（厚）等。

④ 为了避免重复劳动，提高预算编制效率，可先算基数，如内墙净长线、标准层或房间的净面积、楼梯间的净面积、厨厕净面积、内墙门窗净面积等，并尽可能做到一数多用，从而简化计算过程。

⑤ 计算精确度，一般保留小数点后三位小数，第四位小数四舍五入。工程量汇总时，可保留两位小数，第三位小数四舍五入。

⑥ 计算单位必须同定额计量单位一致。

二、建筑装饰工程量计算的方法

建筑装饰工程量计算是指以施工图与施工说明为依据，以自然计量单位或物理计量单位所表示的各分项工程或结构构件的数量。

自然计量单位是以物体自身为计量单位，表示工程完成的数量。例如，门以樘为计量单位；门合页以副为计量单位；洗漱台以个为计量单位等。

物理计量单位是指物体的物理属性，采用法定计量单位表示工程完成的数量。例如，楼地面工程、墙柱面工程和门窗工程等的工程量以 m² 为计量单位；窗帘盒、装饰线、木扶手等工程量以延长米为计量单位。

具体说来，建筑装饰工程量以装饰设计施工图、施工方法、施工自然流程、工程量计算规则及其他资料为计算依据，计算方法包括传统法和统筹法。

传统方法计算工程量的优点是按照装饰施工的自然流程进行，计算过程容易理解且不易漏项；其缺点是计算效率低，很多中间数据被重复计算。

统筹法计算工程量是根据装饰施工图、施工方法、施工流程、工程量计算规则及其他资料先计算常用基本数据，以备重复使用，以及在分项工程量计算中统筹规划，使先计算的工程量可为后续分项工程工程量的计算所利用。从而，统筹法能高效地计算各种装饰部位和装饰构件的相关工程量。统筹法计算工程量的优点是最大限度地减少二次重复计算，加快工程量的计算速度；其缺点是某些计算过程不容易理解，基本数据有时需要根据工程实际和预算编制人员本人的理解进行设置。

本项目中，有关工程量计算说明、内容及计算规则等内容大都参考《江苏省建筑与装饰工程计价定额（2014 版）》。

三、建筑面积工程量计算

1. 建筑面积的概念

建筑面积是表示建筑物平面特征的几何参数，是建筑物各层面积之和。它包括使用面积、辅助面积和结构面积三部分。

使用面积是指建筑物各层平面中直接为生产或生活所用的净面积之和，如住宅建筑物中的客厅、卧室、餐厅等。

辅助面积是指建筑物各层平面中为辅助生产或生活所占净面积之和，如住宅建筑物中的楼梯、过道等。

使用面积与辅助面积之和称为有效面积。

结构面积是建筑物各层平面中墙、柱等结构所占面积之和。

2. 建筑面积在装饰工程计价中的作用

建筑面积在装饰工程计价中的作用主要表现为以下几个方面。

（1）重要管理指标　建筑面积是建设投资、建设项目可行性研究、建设项目勘察设计、建设项目评估、建设项目招标投标、建筑工程施工和竣工验收、建筑工程造价管理等一系列工作的重要计算指标，也是编制、控制和调整施工进度计划和竣工验收的重要指标。

（2）重要技术指标　建筑面积是计算开工面积、竣工面积、建筑装饰规模等的重要技术指标。

（3）重要经济指标　建筑面积是确定装饰工程技术经济指标的重要依据。例如施工方装饰工程劳动量消耗、业主方装饰工程材料消耗指标等。

（4）重要计算依据　建筑面积是计算装饰工程以及相关分部分项工程量的依据。例如装饰用满堂脚手架工程量大小的确定与建筑面积有关。

单元二

各装饰部位工程量计算 ❮❮❮

一、楼地面工程量计算

（一）楼地面装饰工程说明

① 本章中各种混凝土、砂浆强度等级、抹灰厚度，设计与定额规定不同时，可以换算。

② 本章整体面层子目中均包括基层与装饰面层。找平层砂浆设计厚度不同，按每增（减）5 mm 找平层调整。黏结层砂浆厚度与定额不符时，按设计厚度调整。地面防潮层按相应子目执行。

③ 整体面层、块料面层中的楼地面项目，均不包括踢脚线工料；水泥砂浆、水磨石楼梯包括踏步、踢脚板、踢脚线、平台、堵头，不包括楼梯底抹灰（楼梯底抹灰另按相应子目执行）。

④ 踢脚线高度按 150 mm 编制，如设计高度与定额高度不同，整体面层不调整，块料面层按比例调整，其他不变。

⑤ 水磨石面层定额项目已包括酸洗打蜡工料，设计不做酸洗打蜡，应扣除定额中的酸洗打蜡材料费及人工 0.51 工日 /10 m²，其余项目均不包括酸洗打蜡，应另列项目计算。

⑥ 石材块料面板镶贴不分品种、拼色均执行相应子目。镶贴一道墙四周的镶边线（阴、阳角处含 45°角），设计有两条或两条以上镶边者，按相应子目人工乘以系数 1.10（工程量按镶边的工程量计算）；矩形分色镶贴的小方块，仍按定额执行。

⑦ 石材块料面板局部切除并分色镶贴成折线图案者称"简单图案镶贴"；切除分色镶贴成弧线形图案者称"复杂图案镶贴"，该两种图案镶贴应分别套用定额。

⑧ 石材块料面板镶贴及切割费用已包括在定额内，但石材磨边未包括在内。设计磨边者，按相应子目执行。

⑨ 对石材块料面板地面或特殊地面要求需成品保护者，不论采用何种材料进行保护，均按相应子目执行，但必须是实际发生时才能计算。

⑩ 扶手、栏杆、栏板适用于楼梯、走廊及其他装饰栏杆、栏板、扶手，栏杆定额项目中包括了弯头的制作、安装。

设计栏杆、栏板的材料、规格、用量与定额不同,可以调整。定额中栏杆、栏板与楼梯踏步的连接是按预埋件焊接考虑的,设计用膨胀螺栓连接时,每10 m另增人工0.35工日、M10×100膨胀螺栓10只、铁件1.25 kg、合金钢钻头0.13只、电锤0.13台班。

⑪ 楼梯、台阶不包括防滑条,设计用防滑条者,按相应子目执行。螺旋形、圆弧形楼梯贴块料面层按相应子目的人工乘以系数1.20,块料面层材料乘以系数1.10,其他不变。现场锯割石材块料面板粘贴在螺旋形、圆弧形楼梯面,按实际情况另行处理。

⑫ 斜坡、散水、明沟按《室外工程》(苏J08—2006)编制,均包括挖(填)土、垫层、砌筑、抹面。采用其他图集时,材料含量可以调整,其他不变。

⑬ 通往地下室车道的土方、垫层、混凝土、钢筋混凝土按相应子目执行。

⑭ 本章不含铁件,如发生另行计算,按相应子目执行。

(二)楼地面工程量计算规则

① 地面垫层按室内主墙间净面积乘以设计厚度以立方米计算,应扣除凸出地面的构筑物、设备基础、室内铁道、地沟等所占体积,不扣除柱、垛、间壁墙、附墙烟囱及面积在0.3 m²以内孔洞所占体积,但门洞、空圈、暖气包槽、壁龛的开口部分亦不增加。

② 整体面层、找平层均按主墙间净空面积以平方米计算,应扣除凸出地面建筑物、设备基础、地沟等所占面积,不扣除柱、垛、间壁墙、附墙烟囱及面积在0.3 m²以内的孔洞所占面积,但门洞、空圈、暖气包槽、壁龛的开口部分亦不增加。看台台阶、阶梯教室地面整体面层按展开后的净面积计算。

③ 地板及块料面层按图示尺寸实铺面积以平方米计算,应扣除凸出地面的构筑物、设备基础、柱、间壁墙等不做面层的部分,0.3 m²以内的孔洞面积不扣除。门洞、空圈、暖气包槽、壁龛的开口部分的工程量另增,并入相应的面层内计算。

④ 楼梯整体面层按楼梯的水平投影面积以平方米计算,包括踏步、踢脚板、中间休息平台、踢脚线、梯板侧面及堵头。楼梯井宽在200 mm以内者不扣除;超过200 mm者,应扣除其面积,楼梯间与走廊连接的,应算至楼梯梁的外侧。

⑤ 楼梯块料面层按展开实铺面积以平方米计算,踏步板、踢脚板、休息平台、踢脚线、堵头工程量应合并计算。

⑥ 台阶(包括踏步及最上一步踏步口外延300 mm)整体面层按水平投影面积以平方米计算;块料面层按展开(包括两侧)实铺面积以平方米计算。

⑦ 水泥砂浆、水磨石踢脚线按延长米计算。其洞口、门口长度不予扣除,但洞口、门口、垛、附墙烟囱等侧壁也不增加;块料面层踢脚线,按图示尺寸以实贴延长米计算,门洞扣除,侧壁另加。

⑧ 多色简单、复杂图案镶贴石材块料面板,按镶贴图案的矩形面积计算。成品拼花石材铺贴按设计图案的面积计算。计算简单、复杂图案之外的面积,扣除简单、复杂图案面积时,也按矩形面积扣除。

⑨ 楼地面铺设木地板、地毯以实铺面积计算。楼梯地毯压棍安装以套计算。

⑩ 其他:

· 栏杆、扶手、扶手下托板均按扶手的延长米计算,楼梯踏步部分的栏杆与扶手应按水平投影长度乘以系数1.18。

· 斜坡、散水、搓牙均按水平投影面积以平方米计算。明沟与散水连在一起,明沟按宽300 mm计算,其余为散水,散水、明沟应分开计算,散水、明沟应扣除踏步、斜坡、花台等的长度。

· 明沟按图示尺寸以延长米计算。

· 地面、石材面嵌金属和楼梯防滑条均按延长米计算。

（三）楼地面装饰工程量计算内容

1. 整体面层（编码：020101）

项目编码	项目名称	项目特征	计量单位	工程量计算规则	工程内容
020101001	水泥砂浆楼地面	1. 垫层材料种类、厚度 2. 找平层厚度、砂浆配合比 3. 防水层厚度、材料种类 4. 面层厚度、砂浆配合比	m²	按设计图示尺寸以面积计算。扣除凸出地面构筑物、设备基础、室内铁道、地沟等所占面积，不扣除间壁墙和0.3 m²以内的柱、垛、附墙烟囱及孔洞所占面积。门洞、空圈、暖气包槽、壁龛的开口部分不增加面积	1. 基层清理 2. 垫层铺设 3. 抹找平层 4. 防水层铺设 5. 抹面层 6. 材料运输
020101002	现浇水磨石楼地面	1. 垫层材料种类、厚度 2. 找平层厚度、砂浆配合比 3. 防水层厚度、材料种类 4. 面层厚度、水泥石子浆配合比 5. 嵌条材料种类、规格 6. 石子种类、规格、颜色 7. 颜料种类、颜色 8. 图案要求 9. 磨光、酸洗、打蜡要求			1. 基层清理 2. 垫层铺设 3. 抹找平层 4. 防水层铺设 5. 面层铺设嵌缝条安装 7. 磨光、酸洗、打蜡 8. 材料运输
020101003	细石混凝土地面	1. 垫层材料种类、厚度 2. 找平层厚度、砂浆配合比 3. 防水层厚度、材料种类 4. 面层厚度、混凝土强度等级			1. 基层清理 2. 垫层铺设 3. 抹找平层 4. 防水层铺设 5. 面层铺设 6. 材料运输
020101004	菱苦土楼地面	1. 垫层材料种类、厚度 2. 找平层厚度、砂浆配合比 3. 防水层厚度、材料种类 4. 面层厚度 5. 打蜡要求			1. 清理基层 2. 垫层铺设 3. 抹找平层 4. 防水层铺设 5. 面层铺设 6. 打蜡 7. 材料运输

2. 块料面层（编码：020102）

项目编码	项目名称	项目特征	计量单位	工程量计算规则	工程内容
020102001	石材楼地面	1. 垫层材料种类、厚度 2. 找平层厚度、砂浆配合比 3. 防水层、材料种类 4. 填充材料种类、厚度 5. 结合层厚度、砂浆配合比 6. 面层材料品种、规格、品牌、颜色 7. 嵌缝材料种类 8. 防护层材料种类 9. 酸洗、打蜡要求	m²	按设计图示尺寸以面积计算。扣除凸出地面构筑物、设备基础、室内铁道、地沟等所占面积，不扣除间壁墙和0.3 m²以内的柱、垛、附墙烟囱及孔洞所占面积。门洞、空圈、暖气包槽、壁龛的开口部分不增加面积	1. 基层清理、铺设垫层、抹找平层 2. 防水层铺设、填充层 3. 面层铺设 4. 嵌缝 5. 刷防护材料 6. 酸洗、打蜡 7. 材料运输
020102002	块料楼地面				

3. 橡塑面层（编码：020103）

项目编码	项目名称	项目特征	计量单位	工程量计算规则	工程内容
020103001	橡胶板楼地面	1. 找平层厚度、砂浆配合比 2. 填充材料种类、厚度 3. 黏结层厚度、材料种类 4. 面层材料品种、规格、品牌、颜色 5. 压线条种类	m²	按设计图示尺寸以面积计算。门洞、空圈、暖气包槽、壁龛的开口部分并入相应的工程量内	1. 基层清理、抹找平层 2. 铺设填充层 3. 面层铺贴 4. 压缝条装钉 5. 材料运输
020103002	橡胶卷材楼地面				
020103003	塑料板楼地面				
020103004	塑料卷材楼地面				

4. 其他材料面层（编码：020104）

项目编码	项目名称	项目特征	计量单位	工程量计算规则	工程内容
020104001	楼地面地毯	1. 找平层厚度、砂浆配合比 2. 填充材料种类、厚度 3. 面层材料品种、规格、品牌、颜色 4. 防护材料种类 5. 黏结材料种类 6. 压线条种类	m²	按设计图示尺寸以面积计算。门洞、空圈、暖气包槽、壁龛的开口部分并入相应的工程量内	1. 基层清理、抹找平层 2. 铺设填充层 3. 铺贴面层 4. 刷防护材料 5. 装钉压条 6. 材料运输
020104002	竹木地板	1. 找平层厚度、砂浆配合比 2. 填充材料种类、厚度，找平层厚度、砂浆配合比 3. 龙骨材料种类、规格、铺设间距 4. 基层材料种类、规格 5. 面层材料品种、规格、品牌、颜色 6. 黏结材料种类 7. 防护材料种类 8. 油漆品种、刷漆遍数			1. 基层清理、抹找平层 2. 铺设填充层 3. 龙骨铺设 4. 铺设基层 5. 面层铺贴 6. 刷防护材料 7. 材料运输
020104003	防静电活动地板	1. 找平层厚度、砂浆配合比 2. 填充材料种类、厚度，找平层厚度、砂浆配合比 3. 支架高度、材料种类 4. 面层材料品种、规格、品牌、颜色 5. 防护材料种类			1. 清理基层、抹找平层 2. 铺设填充层 3. 固定支架安装 4. 活动面层安装 5. 刷防护材料 6. 材料运输
020104004	金属复合地板	1. 找平层厚度、砂浆配合比 2. 填充材料种类、厚度，找平层厚度、砂浆配合比 3. 龙骨材料种类、规格、铺设间距 4. 基层材料种类、规格 5. 面层材料品种、规格、品牌 6. 防护材料种类			1. 清理基层、抹找平层 2. 铺设填充层 3. 龙骨铺设 4. 基层铺设 5. 面层铺贴 6. 刷防护材料 7. 材料运输

5. 踢脚线（编码：020105）

项目编码	项目名称	项目特征	计量单位	工程量计算规则	工程内容
020105001	水泥砂浆踢脚线	1. 踢脚线高度 2. 底层厚度、砂浆配合比 3. 面层厚度、砂浆配合比	m²	按设计图示长度乘以高度以面积计算	1. 基层清理 2. 底层抹灰 3. 面层铺贴 4. 勾缝 5. 磨光、酸洗、打蜡 6. 刷防护材料 7. 材料运输
020105002	石材踢脚线	1. 踢脚线高度 2. 底层厚度、砂浆配合比 3. 粘贴层厚度、材料种类			
020105003	块料踢脚线	4. 面层材料品种、规格、品牌、颜色 5. 勾缝材料种类 6. 防护材料种类			
020105004	现浇水磨石踢脚线	1. 踢脚线高度 2. 底层厚度、砂浆配合比 3. 面层厚度、水泥石子浆配合比 4. 石子种类、规格、颜色 5. 颜料种类、颜色 6. 磨光、酸洗、打蜡要求			
020105005	塑料板踢脚线	1. 踢脚线高度 2. 底层厚度、砂浆配合比 3. 黏结层厚度、材料种类 4. 面层材料种类、规格、品牌、颜色			
020105006	木质踢脚线	1. 踢脚线高度 2. 底层厚度、砂浆配合比			1. 基层清理 2. 底层抹灰 3. 基层铺贴 4. 面层铺贴 5. 刷防护材料 6. 刷油漆 7. 材料运输
020105007	金属踢脚线	3. 基层材料种类 4. 面层材料品种、规格、品牌、颜色			
020105008	防静电踢脚线	5. 防护材料种类 6. 油漆品种、刷漆遍数			

6. 楼梯装饰（编码：020106）

项目编码	项目名称	项目特征	计量单位	工程量计算规则	工程内容
020106001	石材楼梯面层	1. 找平层厚度、砂浆配合比 2. 黏结层厚度、材料种类 3. 面层材料品种、规格、品牌、颜色 4. 防滑条材料种类、规格			1. 基层清理 2. 抹找平层 3. 面层铺贴 4. 贴嵌防滑条 5. 勾缝 6. 刷防护材料 7. 酸洗、打蜡 8. 材料运输
020106002	块料楼梯面层	5. 勾缝材料种类 6. 防护层材料种类 7. 酸洗、打蜡要求			

项目编码	项目名称	项目特征	计量单位	工程量计算规则	工程内容
020106003	水泥砂浆楼梯面	1. 找平层厚度、砂浆配合比 2. 面层厚度、砂浆配合比 3. 防滑条材料种类、规格	m²	按设计图示尺寸以楼梯（包括踏步、休息平台及500 mm以内的楼梯井）水平投影面积计算。楼梯与楼地面相连时，算至梯口梁内侧边沿；无梯口梁者，算至最上一层踏步边沿加300 mm	1. 基层清理 2. 抹找平层 3. 抹面层 4. 抹防滑条 5. 材料运输
020106004	现浇水磨石楼梯面	1. 找平层厚度、砂浆配合比 2. 面层厚度、水泥石子浆配合比 3. 防滑条材料种类、规格 4. 石子种类、规格、颜色 5. 颜料种类、颜色 6. 磨光、酸洗、打蜡要求			1. 基层清理 2. 抹找平层 3. 抹面层 4. 贴嵌防滑条 5. 磨光、酸洗、打蜡 6. 材料运输
020106005	地毯楼梯面	1. 基层种类 2. 找平层厚度、砂浆配合比 3. 面层材料品种、规格、品牌、颜色 4. 防护材料种类 5. 黏结材料种类 6. 固定配件材料种类、规格			1. 基层清理 2. 抹找平层 3. 铺贴面层 4. 固定配件安装 5. 刷防护材料 6. 材料运输
020106006	木板楼梯面	1. 找平层厚度、砂浆配合比 2. 基层材料种类、规格 3. 面层材料品种、规格、品牌、颜色 4. 黏结材料种类 5. 防护材料种类 6. 油漆品种、刷漆遍数			1. 基层清理 2. 抹找平层 3. 基层铺贴 4. 面层铺贴 5. 刷防护材料、油漆 6. 材料运输

7. 扶手、栏杆、栏板装饰（编码：020107）

项目编码	项目名称	项目特征	计量单位	工程量计算规则	工程内容
020107001	金属扶手带栏杆、栏板	1. 扶手材料种类、规格、品牌、颜色 2. 栏杆材料种类、规格、品牌、颜色 3. 栏板材料种类、规格、品牌、颜色 4. 固定配件种类 5. 防护材料种类 6. 油漆品种、刷漆遍数	m	按设计图纸尺寸以扶手中心线长度（包括弯头长度）计算	1. 制作 2. 运输 3. 安装 4. 刷防护材料 5. 刷油漆
020107002	硬木扶手带栏杆、栏板				
020107003	塑料扶手带栏杆、栏板				
020107004	金属靠墙扶手	1. 扶手材料种类、规格、品牌、颜色 2. 固定配件种类 3. 防护材料种类 4. 油漆品种、刷漆遍数			
020107005	硬木靠墙扶手				
020107006	塑料靠墙扶手				

8. 台阶装饰（编码：020108）

项目编码	项目名称	项目特征	计量单位	工程量计算规则	工程内容
020108001	石材台阶面	1. 垫层材料种类、厚度 2. 找平层厚度、砂浆配合比 3. 黏结层材料种类 4. 面层材料品种、规格、品牌、颜色 5. 勾缝材料种类 6. 防滑条材料种类、规格 7. 防护材料种类	m²	按设计图示尺寸以台阶（包括最上层踏步边沿加300 mm）水平投影面积计算	1. 基层清理 2. 铺设垫层 3. 抹找平层 4. 面层铺贴 5. 贴嵌防滑条 6. 勾缝 7. 刷防护材料 8. 材料运输
020108002	块料台阶面				1. 清理基层 2. 铺设垫层 3. 抹找平层 4. 抹面层 5. 抹防滑条 6. 材料运
020108003	水泥砂浆台阶面	1. 垫层材料种类、厚度 2. 找平层厚度、砂浆配合比 3. 面层厚度、砂浆配合比 4. 防滑条材料种类			1. 清理基层 2. 铺设垫层 3. 抹找平层 4. 抹面层 5. 贴嵌防滑条 6. 打磨、酸洗、打蜡 7. 材料运输
020108004	现浇水磨石台阶面	1. 垫层材料种类、厚度 2. 找平层厚度、砂浆配合比 3. 面层厚度、砂浆配合比 4. 防滑条材料种类 5. 石子种类、规格、颜色 6. 颜料种类、规格、颜色 7. 磨光、酸洗、打蜡要求			1. 垫层材料种类、厚度 2. 找平层厚度、砂浆配合比 3. 面层厚度、水泥石子配合比 4. 防滑条材料种类、规格 5. 石子种类、规格、颜色 6. 颜料种类、颜色 7. 磨光、酸洗、打蜡要求
020108005	剁假石台阶面	1. 垫层材料种类、厚度 2. 找平层厚度、砂浆配合比 3. 面层厚度、砂浆配合比 4. 剁假石要求			1. 清理基层 2. 铺设垫层 3. 抹找平层 4. 抹面层 5. 剁假石 6. 材料运输

9. 零星装饰项目

项目编码	项目名称	项目特征	计量单位	工程量计算规则	工程内容
020109001	石材零星项目	1. 工程部位 2. 找平层厚度、砂浆配合比 3. 贴结合层厚度、材料种类 4. 面层材料品种、规格、品牌、颜色 5. 勾缝材料种类 6. 防护材料种类 7. 酸洗、打蜡要求	m²	按设计图示尺寸以面积计算	1. 清理基层 2. 抹找平层 3. 面层铺贴 4. 勾缝 5. 刷防护材料 6. 酸洗、打蜡 7. 材料运输
020109002	碎拼石材零星项目				
020109003	块料零星项目				
020109004	水泥砂浆零星项目	1. 工程部位 2. 找平层厚度、砂浆配合比 3. 面层厚度、砂浆厚度			1. 清理基层 2. 抹找平层 3. 抹面层 4. 材料运输

其他相关问题应按下列规定处理：

① 楼梯、阳台、走廊、回廊及其他的装饰性扶手、栏杆、栏板，应按扶手、栏杆、栏板项目编码列项；

② 楼梯、台阶侧面装饰，0.5 m² 以内少量分散的楼地面装修，应按零星装饰项目编码列项。

（四）应用实例

【例1】 某办公楼二层房间（包括卫生间）及走廊地面整体面层工程如图 2-1 所示，墙体为 24 墙和 12 墙，其中卫生间前室净长为 1 960，计算相关项目的工程量。

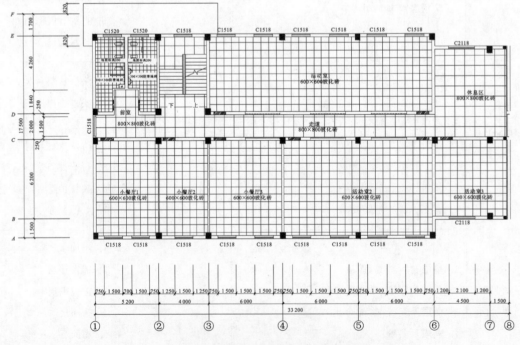

图 2-1 某办公楼二层房间及走廊地面整体面层工程图

解　根据工程量计算规则,地砖铺设按主墙间净面积计算,故地面工程量计算如表 2-1 所示。

表 2-1　地面工程量计算表

序号	分项工程名称	单位	数量	计 算 式
1	300×300 防滑地砖	m²	23.84	$(0.75+1.5+0.7+1.5+0.75-0.24×2)×(4.26+1.84-0.24)-(1.96+0.12×2)×(1.84+0.06-0.12)$
2	600×600 玻化砖	m²	335.94	$(6×3-0.24)×(1.84+4.26-0.24)+(6×3+4+5.2-0.24×2-0.12×2)×(6.2+1.5-0.24)+(6.2-0.24)×(4.5+1.5-0.24)$
3	800×800 玻化砖	m²	87.73	$(2-0.24)×(33.2-0.24)+(4.5+1.5-0.24)×(4.26+1.84-0.82-0.12)$

二、墙柱面工程量计算

(一)墙柱面工程说明

1. 一般规定

① 本章按中级抹灰考虑,设计砂浆品种、饰面材料规格与定额取定不同时,应按设计调整,但人工数量不变。

② 外墙保温材料品种不同,可根据相应子目进行换算调整。地下室外墙粘贴保温板,可参照相应子目,材料可换算,其他不变。柱梁面粘贴复合保温板可参照墙面执行。

③ 本章均不包括抹灰脚手架费用,脚手架费用按相应子目执行。

2. 柱墙面装饰

① 墙、柱的抹灰及镶贴块料面层所取定的砂浆品种、厚度详见附录七。设计砂浆品种、厚度与定额不同时,均应调整。砂浆用量按比例调整。外墙面砖基层刮糙处理,如基层处理设计采用保温砂浆时,此部分砂浆做相应换算,其他不变。

② 在圆弧形墙面、梁面抹灰或镶贴块料面层(包括挂贴、干挂石材块料面板),按相应子项人工乘以系数 1.18(工程量按其弧形面积计算);块料面层中带有弧边的石材损耗,应按实调整,每 10 m 弧形部分,增加切贴人工 0.6 工日、合金钢切割片 0.14 片、石料切割机 0.6 台班。

③ 石材块料面板均不包括磨边,设计要求磨边或墙、柱面贴石材装饰线条者,按相应子目执行;设计线条重叠数次,套相应"装饰线条"数次。

④ 外墙面窗间墙、窗下墙同时抹灰,按外墙抹灰相应子目执行;单独圈梁抹灰(包括门、窗洞口顶部)按腰线子目执行;附着在混凝土梁上的混凝土线条抹灰按混凝土装饰线条抹灰子目执行。但窗间墙单独抹灰或镶贴块料面层,按相应人工乘以系数 1.15。

⑤ 门窗洞口侧边、附墙垛等小面粘贴块料面层时,门窗洞口侧边、附墙垛等小面排版规格小于块料原规格并需要裁剪的块料面层项目,可套用柱、梁、零星项目。

⑥ 内外墙贴面砖的规格与定额取定规格不符时,数量应按下式确定:

$$实际数量=10×(1+相应损耗率)/(砖长+灰缝宽)×(砖宽+灰缝厚)$$

⑦ 高在 3.60 m 以内的围墙抹灰均按内墙面相应子目执行。

⑧ 石材块料面板上钻孔成槽由供应商完成的,扣除基价中人工的 10% 和其他机械费。本章斩假石已包括底、面抹灰砂浆在内。

⑨ 本章混凝土墙、柱、梁面的抹灰底层已包括刷一道素水泥浆在内。设计刷两道,每增一道按相应子目执行。设计采用专用黏结剂时,可套用相应干粉型黏结剂粘贴子目,换算干粉型黏结剂材料为相应专用黏结剂。

设计采用聚合物砂浆粉刷的,可套用相应子目,材料换算,其他不变。

⑩ 外墙内表面的抹灰按内墙面抹灰子目执行;砌块墙面的抹灰按混凝土墙面相应子目执行。

⑪ 干挂石材及大规格面砖所用的干挂胶(AB胶)每组的用量组成为:A组1.33 kg,B组0.67 kg。

3. 内墙、柱面木装饰及柱面包钢板

① 设计木墙裙的龙骨与定额间距、规格不同时,应按比例换算木龙骨含量。本定额仅编制了一般项目中常用的骨架与面层,骨架、衬板、基层、面层均应分开计算。

② 木饰面子目的木基层均未含防火材料,设计要求刷防火涂料,按相应子目执行。

③ 装饰面层中均未包括墙裙压顶线、压条、踢脚线、门窗贴脸等装饰线,设计有要求时,应按相应子目执行。

④ 幕墙材料品种、含量,设计要求与定额不同时应调整,但人工、机械不变。所有干挂石材、面砖、玻璃幕墙、金属板幕墙子目中不含钢骨架、预埋(后置)铁件的制作安装费,另按相应子目执行。

⑤ 不锈钢、铝单板等装饰板块折边加工费及成品铝单板折边面积应计入材料单价中,不另计算。

⑥ 网塑夹芯板之间设置加固方钢立柱、横梁,应根据设计要求按相应子目执行。

⑦ 本定额未包括玻璃、石材的车边、磨边费用。石材车边、磨边按相应子目执行;玻璃车边费用按市场加工费另行计算。

⑧ 成品装饰面板现场安装,需做龙骨、基层板时,套用墙面相应子目。

(二)墙柱面工程量计算规则

1. 内墙面抹灰

① 内墙面抹灰面积应扣除门窗洞口和空圈所占的面积,不扣除踢脚线、挂镜线、0.3 m² 以内的孔洞和墙与构件交接处的面积,但其洞口侧壁和顶面抹灰亦不增加。垛的侧面抹灰面积应并入内墙面工程量内计算。内墙面抹灰长度,以主墙间的图示净长计算,其高度按实际抹灰高度确定,不扣除间壁所占的面积。

② 石灰砂浆、混合砂浆粉刷中已包括水泥护角线,不另行计算。

③ 柱和单梁的抹灰按结构展开面积计算,柱与梁或梁与梁接头的面积不予扣除。砖墙中平墙面的混凝土柱、梁等的抹灰(包括侧壁)应并入墙面抹灰工程量内计算。凸出墙面的混凝土柱、梁面(包括侧壁)抹灰工程量应单独计算,按相应子目执行。

④ 厕所、浴室隔断抹灰工程量,按单面垂直投影面积乘以系数2.3计算。

2. 外墙抹灰

① 外墙面抹灰面积按外墙面的垂直投影面积计算,应扣除门窗洞口和空圈所占的面积,不扣除0.3 m² 以内的孔洞面积。但门窗洞口、空圈的侧壁、顶面及垛等抹灰,应按结构展开面积并入墙面抹灰中计算。外墙面不同品种砂浆抹灰,应分别计算,按相应子目执行。

② 外墙窗间墙与窗下墙均抹灰,以展开面积计算。

③ 挑檐、天沟、腰线、扶手、单独门窗套、窗台线、压顶等,均以结构尺寸展开面积计算。窗台线与腰线连接时,并入腰线内计算。

④ 外窗台抹灰长度,如设计图纸无规定时,可按窗洞口宽度两边共加20 cm计算。窗台展开宽度一砖墙按36 cm计算,每增加半砖宽则增加12 cm。单独圈梁抹灰(包括门、窗洞口顶部)、附着在混凝土梁上的混凝土装饰线条抹灰均以展开面积,以平方米计算。

⑤ 阳台、雨篷抹灰按水平投影面积计算。定额中已包括顶面、底面、侧面及牛腿的全部抹灰面积。阳台栏杆、栏板、垂直遮阳板抹灰另列项目计算。栏板以单面垂直投影面积乘以系数2.1。

⑥ 水平遮阳板顶面、侧面抹灰按其水平投影面积乘系数1.5,板底面积并入天棚抹灰内计算。

⑦ 勾缝按墙面垂直投影面积计算,应扣除墙裙、腰线和挑檐的抹灰面积,不扣除门、窗套、零星抹灰和门、窗

洞口等面积,但垛的侧面、门窗洞侧壁和顶面的面积亦不增加。

3. 挂、贴块料面层

① 内、外墙面,柱梁面,零星项目镶贴块料面层均按块料面层的建筑尺寸(各块料面层与粘贴砂浆厚度之和为 25 mm)面积计算。门窗洞口面积扣除,侧壁、附垛贴面应并入墙面工程量中。内墙面腰线花砖按延长米计算。

② 窗台、腰线、门窗套、天沟、挑檐、盥洗槽、池脚等块料面层镶贴,均以建筑尺寸的展开面积(包括砂浆及块料面层厚度)按零星项目计算。

③ 石材块料面板挂、贴均按面层的建筑尺寸(包括干挂空间、砂浆、板厚度)展开面积计算。

④ 石材圆柱面按石材面外围周长乘以柱高(应扣除柱墩、帽高度)以平方米计算。石材柱墩、柱帽按石材圆柱面外围周长乘其高度以平方米计算。圆柱腰线按石材圆柱面外围周长计算。

4. 墙、柱木装饰及柱包不锈钢镜面

① 墙、墙裙、柱(梁)面木装饰龙骨、衬板、面层及粘贴切片板按净面积计算,并扣除门、窗洞口及 0.3 m² 以上的孔洞所占的面积,附墙垛及门、窗侧壁并入墙面工程量内计算。单独门、窗套按相应子目计算。柱、梁按展开宽度乘以净长计算。

② 不锈钢镜面、各种装饰板面均按展开面积计算。若地面天棚面有柱帽、底脚,则高度应从柱脚上表面至柱帽下表面计算。柱帽、柱脚,按面层的展开面积以平方米计算,套柱帽、柱脚子目。

③ 幕墙以框外围面积计算。幕墙与建筑顶端、两端的封边按图示尺寸以平方米计算,自然层的水平隔离与建筑物的连接按延长米计算(连接层包括上、下镀锌钢板在内)。幕墙上下设计有窗者,计算幕墙面积时,窗面积不扣除,但每 10 m² 窗面积另增加人工 5 工日,增加的窗料及五金按实计算(幕墙上铝合金窗不再另外计算)。其中:全玻璃幕墙以结构外边按玻璃(带肋)展开面积计算,支座处隐藏部分玻璃合并计算。

(三)墙、柱面装饰工程量计算内容

1. 面抹灰(编码:020201)

项目编码	项目名称	项目特征	计量单位	工程量计算规则	工程内容
020201001	墙面一般抹灰	1. 墙体类型 2. 底层厚度、砂浆配合比 3. 面层厚度、砂浆配合比 4. 装饰面材料种类 5. 分格缝宽度、材料种类	m²	1. 按设计图示尺寸以面积计算。扣除墙裙、门窗洞口及单个 0.3 m² 以外的孔洞面积,不扣除踢脚线、挂镜线和墙与构件交接处的面积,门窗洞口和孔洞的侧壁及顶面不增加面积。附墙柱、梁、垛、烟囱侧壁并入相应的墙面面积内 2. 外墙抹灰面积按外墙垂直投影面积计算 3. 外墙裙抹灰面积按其长度乘以高度计算 4. 内墙抹灰面积按主墙间的净长乘以高度计算。无墙裙的,高度按室内楼地面至天棚底面计算;有墙裙的,高度按墙裙顶至天棚底面计算 5. 内墙裙抹灰面积按内墙净长乘以高度计算	1. 基层清理 2. 砂浆制作、运输 3. 底层抹灰 4. 抹面层 5. 抹装饰面 6. 勾分格缝
020201002	墙面装饰抹灰				
020201003	墙面勾缝	1. 墙体类型 2. 勾缝类型 3. 勾缝材料种类			1. 基层清理 2. 砂浆制作、运输 3. 勾缝

2. 柱面抹灰（编码：020202）

项目编码	项目名称	项目特征	计量单位	工程量计算规则	工程内容
020202001	柱面一般抹灰	1. 柱体类型 2. 底层厚度、砂浆配合比 3. 面层厚度、砂浆配合比 4. 装饰面材料种类 5. 分格缝宽度、材料种类	m²	按设计图示柱断面周长乘以高度，以面积计算	1. 基层清理 2. 砂浆制作、运输 3. 底层抹灰 4. 抹面层 5. 抹装饰面 6. 勾分格缝
020202002	柱面装饰抹灰				
020202003	柱面勾缝	1. 墙体类型 2. 勾缝类型 3. 勾缝材料种类			1. 基层清理 2. 砂浆制作、运输 3. 勾缝

3. 零星抹灰（编码：020203）

项目编码	项目名称	项目特征	计量单位	工程量计算规则	工程内容
020203001	零星项目一般抹灰	1. 墙体类型 2. 底层厚度、砂浆配合比 3. 面层厚度、砂浆配合比 4. 装饰面材料种类 5. 分格缝宽度、材料种类	m²	按设计图示尺寸以面积计算	1. 基层清理 2. 砂浆制作、运输 3. 底层抹灰 4. 抹面层 5. 抹装饰面 6. 勾分格缝
020203002	零星项目装饰抹灰				

4. 墙面镶贴块料（编码：020204）

项目编码	项目名称	项目特征	计量单位	工程量计算规则	工程内容
020204001	石材墙面	1. 墙体类型 2. 底层厚度、砂浆配合比 3. 黏结层厚度、材料种类 4. 挂贴方式 5. 干挂方式（膨胀螺栓、钢龙骨） 6. 面层材料品种、规格、品牌、颜色 7. 缝宽、嵌缝材料种类 8. 防护材料种类 9. 磨光、酸洗、打蜡要求	m²	按设计图示尺寸以镶贴面积计算	1. 基层清理 2. 砂浆制作、运输 3. 底层抹灰 4. 结合层铺贴 5. 面层铺贴 6. 面层挂贴 7. 面层干挂 8. 嵌缝 9. 刷防护材料 10. 磨光、酸洗、打蜡
020204002	碎拼石材				
020204003	块料墙面				
020204004	干挂石材钢骨架	1. 骨架种类、规格 2. 油漆品种、刷油遍数	t	按设计图示尺寸以质量计算	1. 骨架制作、运输、安装 2. 骨架油漆

5. 柱面镶贴块料（编码：020205）

项目编码	项目名称	项目特征	计量单位	工程量计算规则	工程内容
020205001	石材柱面	1. 柱体材料 2. 柱截面类型、尺寸 3. 底层厚度、砂浆配合比 4. 黏结层厚度、材料种类 5. 挂贴方式 6. 干贴方式 7. 面层材料品种、规格、品牌、颜色 8. 缝宽、嵌缝材料种类 9. 防护材料种类 10. 磨光、酸洗、打蜡要求	m²	按设计图示尺寸以镶贴面积计算	1. 基层清理 2. 砂浆制作、运输 3. 底层抹灰 4. 结合层铺贴 5. 面层铺贴 6. 面层挂贴 7. 面层干挂 8. 嵌缝 9. 刷防护材料 10. 磨光、酸洗、打蜡
020205002	拼碎石材柱面				
020205003	块料柱面				
020205004	石材梁面	1. 底层厚度、砂浆配合比 2. 黏结层厚度、材料种类 3. 面层材料品种、规格、品牌、颜色 4. 缝宽、嵌缝材料种类 5. 防护材料种类 6. 磨光、酸洗、打蜡要求			1. 基层清理 2. 砂浆制作、运输 3. 底层抹灰 4. 结合层铺贴 5. 面层铺贴 6. 面层挂贴 7. 嵌缝 8. 刷防护材料 9. 磨光、酸洗、打蜡
020205005	块料梁面				

6. 零星镶贴块料（编码：020206）

项目编码	项目名称	项目特征	计量单位	工程量计算规则	工程内容
020206001	石材零星项目	1. 柱、墙体类型 2. 底层厚度、砂浆配合比 3. 黏结层厚度、材料种类 4. 挂贴方式 5. 干挂方式 6. 面层材料品种、规格、品牌、颜色 7. 缝宽、嵌缝材料种类 8. 防护材料种类 9. 磨光、酸洗、打蜡要求	m²	按设计图示尺寸以镶贴面积计算	1. 基层清理 2. 砂浆制作、运输 3. 底层抹灰 4. 结合层铺贴 5. 面层铺贴 6. 面层挂贴 7. 面层干挂 8. 嵌缝 9. 刷防护材料 10. 磨光、酸洗、打蜡
020206002	拼碎石材零星项目				
020206003	块料零星项目				

7. 墙饰面（编码：020207）

项目编码	项目名称	项目特征	计量单位	工程量计算规则	工程内容
020207001	装饰板墙面	1. 墙体类型 2. 底层厚度、砂浆配合比 3. 龙骨材料种类、规格、中距 4. 隔离层材料种类、规格 5. 基层材料种类、规格 6. 面层材料品种、规格、品牌、颜色 7. 压条材料种类、规格 8. 防护材料种类 9. 油漆品种、刷漆遍数	m²	按设计图示墙净长乘以净高以面积计算。扣除门窗洞口及单个 0.3 m² 以上的孔洞所占面积	1. 基层清理 2. 砂浆制作、运输 3. 底层抹灰 4. 龙骨制作、运输、安装 5. 钉隔离层 6. 基层铺钉 7. 面层铺贴 8. 刷防护材料、油漆

8. 柱（梁）饰面（编码：020208）

项目编码	项目名称	项目特征	计量单位	工程量计算规则	工程内容
020208001	柱（梁）面装饰	1. 柱（梁）体类型 2. 底层厚度、砂浆配合比 3. 龙骨材料种类、规格、中距 4. 隔离层材料种类 5. 基层材料种类、规格 6. 面层材料品牌、规格、品牌、颜色 7. 压条材料种类、规格 8. 防护材料种类 9. 油漆品种、刷漆遍数	m²	按设计图示饰面外围尺寸以面积计算。柱帽、柱墩并入相应柱饰面工程量内	1. 清理基层 2. 砂浆制作、运输 3. 底层抹灰 4. 龙骨制作、运输、安装 5. 钉隔离层 6. 基层铺钉 7. 面层铺贴 8. 刷防护材料、油漆

9. 隔断（编码：020209）

项目编码	项目名称	项目特征	计量单位	工程量计算规则	工程内容
020209001	隔断	1. 骨架、边框材料种类、规格 2. 隔板材料品种、规格、品牌、颜色 3. 嵌缝、塞口材料品种 4. 压条材料种类 5. 防护材料种类 6. 油漆品种、刷漆遍数	m²	按设计图示框外围尺寸以面积计算。扣除单个 0.3 m² 以上的孔洞所占面积；浴厕门的材质与隔断相同时，门的面积并入隔断面积内	1. 骨架及边框制作、运输、安装 2. 隔板制作、运输、安装 3. 嵌缝、塞口 4. 装钉压条 5. 刷防护材料、油漆

10. 幕墙（编码：0202010）

项目编码	项目名称	项目特征	计量单位	工程量计算规则	工程内容
020210001	带骨架幕墙	1. 骨架材料种类、规格、中距 2. 面层材料品种、规格、品牌、颜色 3. 面层固定方式 4. 嵌缝、塞口材料种类	m²	按设计图示框外围尺寸以面积计算，与幕墙同种材质的窗所占面积不扣除	1. 骨架制作、运输、安装 2. 面层安装 3. 嵌缝、塞口 4. 清洗
020210002	全玻幕墙	1. 玻璃品种、规格、品牌、颜色 2. 黏结塞口材料种类 3. 固定方式	m²	按设计图示尺寸以面积计算，带肋全玻幕墙按展开面积计算	1. 幕墙安装 2. 嵌缝、塞口 3. 清洗

其他相关问题应按下列规定处理：

① 石灰砂浆、水泥砂浆、水泥混合砂浆、聚合物水泥砂浆、麻刀石灰、纸筋石灰、石膏灰等的抹灰应按附录B2.1中一般抹灰项目编码列项，水刷石、斩假石（剁斧石、剁假石）、干黏石、假面砖等的抹灰应按附录B2.1中装饰抹灰项目编码列项；

② 0.5 m²以内少量分散的抹灰和镶贴块料面层，应按附录B2.1和附录B2.6中相关项目编码列项。

（四）实例应用

【例2】 某大厅入口处主隔断构造如图2-2所示，计算其制作工程量。

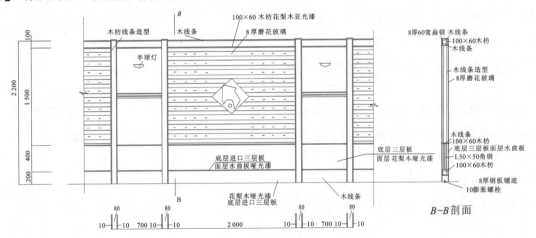

图2-2　某一大厅入口处主隔断构造示意图

解　根据工程量计算规则，本例隔断制作工程量如表2-2所示。

表2-2　隔断制作工程量计算表

序号	分项工程名称	单位	数量	计算式
1	8厚磨砂玻璃隔断	m²	3.52	$(2.0+0.1\times2)\times1.5$
2	100×60木枋花梨木、三层板基层木隔断	m²	4.84	$(0.7+0.1)\times(0.2+0.4+1.5+0.1)\times2+(2.0+0.1\times2)\times(0.2+0.4)$
3	木隔断贴水曲柳面板	m²	11.12	$[(0.7\times2+0.1\times4+2.0)\times(0.2+0.4+1.5+0.1)-(2.0\times1.5)]\times2+(0.7\times2+0.1\times4+2.0)\times0.1$
4	木线条造型	m	71.6	$2.0\times8+0.7\times28+(0.2+0.4+1.5+0.1)\times16+0.1\times8$

三、天棚工程量计算

（一）天棚工程说明

① 本定额中的木龙骨、金属龙骨是按面层龙骨的方格尺寸取定的，其龙骨、断面的取定如下。

·木龙骨断面搁在墙上大龙骨 50 mm×70 mm、中龙骨 50 mm×50 mm；吊在混凝土板下，大、中龙骨 50 mm×40 mm。

·U 型轻钢龙骨上人型大龙骨 60 mm×27 mm×1.5 mm（高×宽×厚）、中龙骨 50 mm×20 mm×0.5 mm（高×宽×厚）、小龙骨 25 mm×20 mm×0.5 mm（高×宽×厚）；不上人型大龙骨 45 mm×15 mm×1.2 mm（高×宽×厚）、中龙骨 50 mm×20 mm×0.5 mm（高×宽×厚）、小龙骨 25 mm×20 mm×0.5 mm（高×宽×厚）。

·T 型铝合金龙骨上人型轻钢大龙骨 60 mm×27 mm×1.5 mm（高×宽×厚）、铝合金 T 型主龙骨 20 mm×35 mm×0.8 mm（高×宽×厚）、铝合金 T 型副龙骨 20 mm×22 mm×0.6 mm（高×宽×厚）；不上人型轻钢大龙骨 45 mm×15 mm×1.2 mm（高×宽×厚）、铝合金 T 型主龙骨 20 mm×35 mm×0.8 mm（高×宽×厚）、铝合金 T 型副龙骨 20 mm×22 mm×0.6 mm（高×宽×厚）。

设计与定额不符，应按设计的长度用量加下列损耗调整定额中的含量：木龙骨 6%，轻钢龙骨 6%，铝合金龙骨 7%。

② 天棚的骨架基层分为简单、复杂型两种：简单型是指每间面层在同一标高的平面上；复杂型是指每一间面层不在同一标高平面上，其高差在 100 mm 以上（含 100 mm），且必须满足不同标高的少数面积占该间面积的 15% 以上。

③ 天棚吊筋、龙骨与面层应分开计算，按设计套用相应子目。

本定额金属吊筋是按膨胀螺栓连接在楼板上考虑的，每副吊筋的规格、长度、配件及调整办法详见天棚吊筋子目，设计吊筋与楼板底面预埋铁件焊接时也执行本定额。吊筋子目适用于钢、木龙骨的天棚基层。

设计小房间（厨房、厕所）内不用吊筋时，不能计算吊筋项目，并扣除相应定额中人工含量 0.67 工日/10 m²。

④ 本定额轻钢、铝合金龙骨是按双层编制的，设计为单层龙骨（大、中龙骨均在同一平面上）在套用定额时，应扣除定额中的小（副）龙骨及配件，人工乘系数 0.87，其他不变；设计小（副）龙骨用中龙骨代替时，其单价应调整。

⑤ 胶合板面层在现场钻吸音孔时，按钻孔板部分的面积，每 10 m² 增加人工 0.64 工日计算。

⑥ 木质骨架及面层的上表面，未包括刷防火漆，设计要求刷防火漆时，应按第十六章相应定额子目计算。

⑦ 上人型天棚吊顶检修道分为固定、活动两种，应按设计分别套用子目。

⑧ 天棚面层中回光槽按相应子目执行。

⑨ 天棚面的抹灰按中级抹灰考虑，所取定的砂浆品种、厚度详见附录七。设计砂浆品种（纸筋石灰浆除外）厚度与定额不同时均应按比例调整，但人工数量不变。

（二）天棚工程量计算规则

① 本定额天棚饰面的面积按净面积计算，不扣除间壁墙、检修孔、附墙烟囱、柱垛和管道所占面积，但应扣除独立柱、0.3 m² 以上的灯饰面积（石膏板、夹板天棚面层的灯饰面积不扣除）、与天棚相连接的窗帘盒面积，整体金属板中间开孔的灯饰面积不扣除。

② 天棚中假梁、折线、叠线等圆弧形、拱形、特殊艺术形式的天棚饰面，均按展开面积计算。

③ 天棚龙骨的面积按主墙间的水平投影面积计算。天棚龙骨的吊筋按每 10 m² 龙骨面积套相应子目计算，金丝杆的天棚吊筋按主墙间的水平投影面积计算。

④ 圆弧形、拱形的天棚龙骨应按其弧形或拱形部分的水平投影面积计算，套用复杂型子目。龙骨用量按设计进行调整，人工和机械按复杂型天棚子目乘以系数 1.8。

⑤ 本定额天棚每间以在同一平面上为准，设计有圆弧形、拱形时，按其圆弧形、拱形部分的面积：圆弧形面层人工按其相应子目乘以系数 1.15 计算，拱形面层的人工按相应子目乘以系数 1.5 计算。

⑥ 铝合金扣板雨篷、钢化夹胶玻璃雨篷均按水平投影面积计算。

⑦ 天棚面抹灰分以下四种情况。

·天棚面抹灰按主墙间天棚水平面积计算，不扣除间壁墙、垛、柱、附墙烟囱、检查洞、通风洞、管道等所占的面积。

·密肋梁、井字梁、带梁天棚抹灰面积，按展开面积计算，并入天棚抹灰工程量内。斜天棚抹灰按斜面积计算。

·天棚抹面如抹小圆角者，人工已包括在定额中，材料、机械按附注增加。如带装饰线者，其线分别按三道线以内或五道线以内，以延长米计算（线角的道数以每一个突出的阳角为一道线）。

·楼梯底面、水平遮阳板底面和沿口天棚，并入相应的天棚抹灰工程量内计算。混凝土楼梯、螺旋楼梯的底板为斜板时，按其水平投影面积（包括休息平台）乘以系数 1.18；底板为锯齿形时（包括预制踏步板），按其水平投影面积乘以系数 1.5 计算。

（三）天棚工程量计算内容

1. 天棚抹灰（编码：020301）

项目编码	项目名称	项目特征	计量单位	工程量计算规则	工程内容
020301001	天棚抹灰	1. 基层类型 2. 抹灰厚度、材料种类 3. 装饰线条道数 4. 砂浆配合比	m²	按设计图示尺寸以水平投影面积计算，不扣除间壁墙、垛、柱、附墙烟囱、检查口和管道所占的面积。带梁天棚、梁两侧抹灰面积并入天棚面积内。板式楼梯底面抹灰按斜面积计算；锯齿形楼梯底板抹灰按展开面积计算	1. 基层清理 2. 底层抹灰 3. 抹面层 4. 抹装饰线条

2. 天棚吊顶（编码：020302）

项目编码	项目名称	项目特征	计量单位	工程量计算规则	工程内容
020302001	天棚吊顶	1. 吊顶形式 2. 龙骨类型、材料种类、规格、中距 3. 基层材料种类、规格 4. 面层材料品种、规格、品牌、颜色 5. 压条材料种类、规格 6. 嵌缝材料种类 7. 防护材料种类 8. 油漆品种、刷漆遍数	m²	按设计图示尺寸以水平投影面积计算。天棚面中的灯槽及跌级、锯齿形、吊挂式、藻井式天棚面积不展开计算。不扣除间壁墙、检查口、附墙烟囱、柱、垛和管道所占面积，扣除单个 0.3 m² 以上的孔洞、独立柱及与天棚相连的窗帘盒所占的面积	1. 基层清理 2. 龙骨安装 3. 基层板铺贴 4. 面层铺贴 5. 嵌缝 6. 刷防护材料、油漆

续表

项目编码	项目名称	项目特征	计量单位	工程量计算规则	工程内容
020302002	格栅吊顶	1. 龙骨类型、材料种类、规格、中距 2. 基层材料种类、规格 3. 面层材料品种、规格、品牌、颜色 4. 防护材料种类 5. 油漆品种、刷漆遍数	m²	按设计图示尺寸以水平投影面积计算	1. 基层清理 2. 底层抹灰 3. 安装龙骨 4. 基层板铺贴 5. 面层铺贴 6. 刷防护材料、油漆
020302003	吊筒吊顶	1. 底层厚度、砂浆配合比 2. 吊筒形状、规格、颜色、材料种类 3. 防护材料种类 4. 油漆品种、刷漆遍数			1. 基层清理 2. 底层抹灰 3. 吊筒安装 4. 刷防护材料、油漆
020302004	藤条造型悬挂吊顶	1. 底层厚度、砂浆配合比 2. 骨架材料种类、规格 3. 面层材料品种、规格、颜色 4. 防护材料种类 5. 油漆品种、刷漆遍数			1. 基层清理 2. 底层抹灰 3. 龙骨安装 4. 铺贴面层 5. 刷防护材料、油漆
020302005	组物软雕吊顶				
020302006	网架(装饰)吊顶	1. 底层厚度、砂浆配合比 2. 面层材料品种、规格、颜色 3. 防护材料品种 4. 油漆品种、刷漆遍数			1. 基层清理 2. 底面抹灰 3. 面层安装 4. 刷防护材料、油漆

3. 天棚其他装饰（编码：020303）

项目编码	项目名称	项目特征	计量单位	工程量计算规则	工程内容
020303001	灯带	1. 灯带形式、尺寸 2. 格栅片材料品种、规格、品牌、颜色 3. 安装固定方式	m²	按设计图示尺寸以框外围面积计算	安装、固定
020303002	送风口、回风口	1. 风口材料品种、规格、品牌、颜色 2. 安装固定方式 3. 防护材料种类	个	按设计图示数量计算	1. 安装、固定 2. 刷防护材料

（四）实例应用

【例3】 某宾馆有标准客房20间，其顶棚装饰如图2-3所示，试计算顶棚装饰工程量。

解 由于客房顶棚构造做法不同，应分别计算。

① 房间顶棚工程量

根据计算规则，龙骨及面层工程量均按主墙间净面积计算，与天棚相连的窗帘盒面积应扣除；天棚面贴墙纸工程量按相应面积计算，即

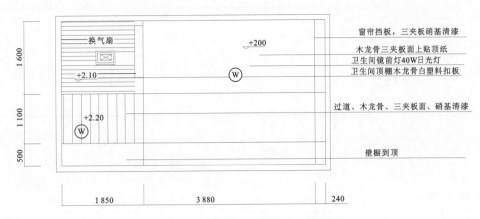

图 2-3　某宾馆标准客房的顶棚装饰

木龙骨工程量为：$(4-0.12) \times (3.2-0.12) \times 20 \ \mathrm{m^2} = 239.01 \ \mathrm{m^2}$

三夹板面及裱糊墙纸工程量为：$(4-0.2-0.12) \times (3.2-0.12) \times 20 \ \mathrm{m^2} = 226.69 \ \mathrm{m^2}$。

② 过道顶棚工程量

过道天棚构造与房间相似，壁橱到底部分不做顶棚，胶合板硝基清漆工程量按夹板面积计算，故

木龙骨、三夹板、硝基漆工程量为：$(1.85-0.12) \times (1.1-0.12 / 2) \times 20 \ \mathrm{m^2} = 35.98 \ \mathrm{m^2}$

③ 卫生间顶棚工程量

卫生间用木龙骨白塑料扣板吊顶，其工程量按实际面积计算，即

卫生间顶棚工程量为：$(1.6-0.12) \times (1.85-0.12) \times 20 \ \mathrm{m^2} = 51.21 \ \mathrm{m^2}$

四、门窗工程量计算

（一）门窗工程说明

① 门窗工程分为购入构件成品安装，铝合金门窗制作安装，木门窗框、扇制作安装，装饰木门扇及门窗五金配件安装五部分。

② 购入构件成品安装门窗单价中，除地弹簧、门夹、管子、拉手等特殊五金外，玻璃及一般五金已包括在相应的成品单价中，一般五金的安装人工已包括在定额内，特殊五金和安装人工应按"门、窗配件安装"的相应子目执行。

③ 铝合金门窗制作、安装工程说明包括以下内容。

· 铝合金门窗制作、安装是按在构件厂制作、现场安装编制的，但构件厂至现场的运输费用应按当地交通部门的规定运费执行（运费不计入取费基价）。

· 铝合金门窗制作型材分为普通铝合金型材和断桥隔热铝合金型材两种，应按设计分别套用相应子目。各种铝合金型材含量的取定定额仅为暂定。设计型材的含量与定额不符，应按设计用量加 6% 制作损耗调整。

· 铝合金门窗的五金应按"门、窗五金配件安装"另列项目计算。

· 门窗框与墙或柱的连接是按镀锌铁脚、尼龙膨胀螺钉连接考虑的，设计不同，定额中的铁脚、尼龙螺钉应扣除，其他连接件另外增加。

④ 木门、窗制作安装工程说明包括以下内容。

· 本章编制了一般木门窗制作与安装及成品木门框扇的安装，制作是按机械和手工操作综合编制的。

· 本章均以一、二类木种为准,如采用三、四类木种,分别乘以下系数:木门、窗制作人工和机械费乘以系数1.30,木门、窗安装人工乘以系数1.15。

· 本章木材木种划分如表2-3所示。

表2-3　木材木种划分

一类	红松、水桐木、樟子松
二类	白松、杉木(方杉、冷杉)、杨木、铁杉、柳木、花旗松、椴木
三类	青松、黄花松、秋子松、马尾松、东北榆木、柏木、苦楝木、梓木、黄菠萝、椿木、楠木(桢楠、润楠)、柚木、樟木、山毛榉、栓木、白木、云香木、枫木
四类	栎木(柞木)、檀木、色木、槐木、荔木、麻栗木(麻栎、青刚)、桦木、荷木、水曲柳、柳桉、华北榆木、核桃楸、克隆、门格里斯

· 木材规格是按已成型的两个切断面规格料编制的,两个切断面以前的锯缝损耗按总说明规定应另外计算。

· 本章中注明的木材断面或厚度均以毛料为准,如设计图纸注明断面或厚度为净料时,应增加断面刨光损耗:一面刨光加3 mm,两面刨光加5 mm,圆木按直径增加5 mm。

· 本章中的木材是以自然干燥条件下的木材编制的,需要烘干时,其烘干费用及损耗由各市确定。

· 本章中门、窗框扇断面除注明者外均是按苏J73-2常用项目的Ⅲ级断面编制的,其具体取定尺寸如表2-4所示。

表2-4　门、窗框扇断面具体尺寸

门窗	门窗类型	边框断面(含刨光损耗)		扇立梃断(含刨光损耗)	
		定额取定断面/mm	截面积/cm²	定额取定断面/mm	截面积/cm²
门	半截玻璃门	55×100	55	50×100	50
	冒头板门	55×100	55	45×100	45
	双面胶合板门	55×100	55	38×60	22.80
	纱门	—	—	35×100	35
	全玻自由门	—	—	50×120	60
	拼板门	70×140(Ⅰ级)	98	50×100	50
	平开、推拉木门	55×100	55	60×120	72
窗	平开窗	55×100	55	45×65	29.25
	纱窗	—	—	35×65	22.75
	工业木窗	55×120(Ⅱ级)	66		

设计框、扇断面与定额不同时,应按比例换算。框料以边立框断面为准(框裁口处如为钉条者,应加贴条断面),扇料以立梃断面为准。换算公式如下:

相应子目材积×设计断面积(净料加刨光损耗)/定额断面积

· 胶合板门的基价是按四八尺(1 220 mm×2 440 mm)编制的,剩余的边角料残值已考虑回收,如建设单位供应胶合板,按两倍门扇数量张数供应,每张裁下的边角料全部退还给建设单位(但残值回收取消)。若使用三七尺(910 mm×2 130 mm)胶合板,定额基价应按括号内的含量换算,并相应扣除定额中的胶合板边角料残值回收值。

· 门窗制作安装的五金、铁件配件按"门窗五金配件安装"相应项目执行,安装人工已包括在相应定额内。设计门、窗玻璃品种、厚度与定额不符,单价应调整,数量不变。

· 木质送、回风口的制作、安装按百叶窗定额执行。

· 设计门、窗有艺术造型等特殊要求时,因设计差异变化较大,其制作、安装应按实际情况另行处理。

· 本章节子目如涉及钢骨架或者铁件的制作安装,另行套用相应子目。

· "门窗五金配件安装"的子目中,五金规格、品种与设计不符时应调整。

(二)门窗工程量计算规则

① 购入成品的各种铝合金门窗安装,按门窗洞口面积以 m^2 计算,购入成品的木门扇安装,按购入门扇的净面积计算。

② 现场铝合金门窗扇制作、安装按门窗洞口面积以 m^2 计算。

③ 各种卷帘门按实际制作面积计算,卷帘门上有小门时,其卷帘门工程量应扣除小门面积。卷帘门上的小门按扇计算,卷帘门上电动提升装置以套计算,手动装置的材料、安装人工已包括在定额内,不另增加。

④ 无框玻璃门按其洞口面积计算。无框玻璃门中,部分为固定门扇、部分为开启门扇时,工程量应分开计算。无框门上带亮子时,其亮子与固定门扇合并计算。

⑤ 门窗框包不锈钢板均按不锈钢板的展开面积以 m^2 计算,木门扇上包金属面或软包面均以门扇净面积计算。无框玻璃门上亮子与门扇之间的钢骨架横撑(外包不锈钢板),按横撑包不锈钢板的展开面积计算。

⑥ 门窗扇包镀锌铁皮,按门窗洞口面积以 m^2 计算;门窗框包镀锌铁皮、钉橡皮条、钉毛毡按图示门窗洞口尺寸以延长米计算。

⑦ 木门窗框、扇制作、安装工程量按以下规定计算:

· 各类木门窗(包括纱门、纱窗)制作、安装工程量均按门窗洞口面积以 m^2 计算;

· 连门窗的工程量应分别计算,套用相应门、窗定额,窗的宽度算至门框外侧;

· 普通窗上部带有半圆窗的工程量应按普通窗和半圆窗分别计算,其分界线以普通窗和半圆窗之间的横框上边线为分界线;

· 无框窗扇按扇的外围面积计算。

(三)门窗工程量计算内容

1. 木门(编码:020401)

项目编码	项目名称	项目特征	计量单位	工程量计算规则	工程内容
020401001	镶板木门	1. 门类型 2. 框截面尺寸、单扇面积 3. 骨架材料种类 4. 面层材料品种、规格、品牌、颜色 5. 玻璃品种、厚度,五金材料、品种、规格 6. 防护层材料种类 7. 油漆品种、刷漆遍数			
020401002	企口木板门				
020401003	实木装饰门				
020401004	胶合板门				

项目编码	项目名称	项目特征	计量单位	工程量计算规则	工程内容
020401005	夹板装饰门	1. 门类型 2. 框截面尺寸、单扇面积 3. 骨架材料种类	樘/m²	按设计图示数量或设计图示洞口尺寸面积计算	1. 门制作、运输、安装 2. 五金、玻璃安装 3. 刷防护材料、油漆
020401006	木质防火门	4. 防火材料种类 5. 门纱材料品种、规格 6. 面层材料品种、规格、品牌、颜色			
020401007	木纱门	7. 玻璃品种、厚度,五金材料、品种、规格 8. 防护材料种类 9. 油漆品种、刷漆遍数			
020401008	连窗门	1. 门窗类型 2. 框截面尺寸、单扇面积 3. 骨架材料种类 4. 面层材料品种、规格、品牌、颜色 5. 玻璃品种、厚度,五金材料、品种、规格 6. 防护材料种类 7. 油漆品种、刷漆遍数			

2. 金属门（编码：020402）

项目编码	项目名称	项目特征	计量单位	工程量计算规则	工程内容
020402001	金属平开门	1. 门类型 2. 框材质、外围尺寸 3. 扇材质、外围尺寸 4. 玻璃品种、厚度,五金材料、品种、规格 5. 防护材料种类 6. 油漆品种、刷漆遍数	樘/m²	按设计图示数量或设计图示洞口尺寸面积计算	1. 门制作、运输、安装 2. 五金、玻璃安装 3. 刷防护材料、油漆
020402002	金属推拉门				
020402003	金属地弹门				
020402004	彩板门				
020402005	塑钢门				
020402006	防盗门				
020402007	钢质防火门				

3. 金属卷帘门（编码：020403）

项目编码	项目名称	项目特征	计量单位	工程量计算规则	工程内容
020403001	金属卷闸门	1. 门材质、框外围尺寸 2. 启动装置品种、规格、品牌 3. 五金材料、品种、规格 4. 防护材料种类 5. 油漆品种、刷漆遍数	樘/m²	按设计图示数量或设计图示洞口尺寸面积计算	1. 门制作、运输、安装 2. 启动装置、五金安装 3. 刷防护材料、油漆
020403002	金属格栅门				
020403003	防火卷帘门				

4. 其他门（编码：020404）

项目编码	项目名称	项目特征	计量单位	工程量计算规则	工程内容
020404001	电子感应门	1. 门材质、品牌、外围尺寸 2. 玻璃品种、厚度，五金材料、品种、规格 3. 电子配件品种、规格、品牌 4. 防护材料种类 5. 油漆品种、刷漆遍数	樘/m²	按设计图示数量或设计图示洞口尺寸面积计算	1. 门制作、运输、安装 2. 五金、电子配件安装 3. 刷防护材料、油漆
020404002	转门				
020404003	电子对讲门				
020404004	电动伸缩门				
020404005	全玻门（带扇框）	1. 门类型 2. 框材质、外围尺寸 3. 扇材质、外围尺寸 4. 玻璃品种、厚度，五金材料、品种、规格 5. 油漆品种、刷漆遍数			1. 门制作、运输、安装 2. 五金安装 3. 刷防护材料、油漆
020404006	全玻自由门（无扇框）				
020404007	半玻门（带扇框）				1. 门扇骨架及基层制作、运输、安装 2. 包面层 3. 五金安装 4. 刷防护材料、油漆
020404008	镜面不锈钢饰面门				

5. 其他门（编码：020405）

项目编码	项目名称	项目特征	计量单位	工程量计算规则	工程内容
020405001	木质平开窗	1. 窗类型 2. 框材质、外围尺寸 3. 扇材质、外围尺寸 4. 玻璃品种、厚度，五金材料、品种、规格 5. 防护材料种类 6. 油漆品种、刷漆遍数	樘/m²	按设计图示数量或设计图示洞口尺寸面积计算	1. 窗制作、运输、安装 2. 五金、玻璃安装 3. 刷防护材料、油漆
020405002	木质推拉窗				
020405003	矩形木百叶窗				
020405004	异形木百叶窗				
020405005	木组合窗				
020405006	木天窗				
020405007	矩形木固定窗				
020405008	异形木固定窗				
020405009	装饰空花木窗				

6. 金属窗（编码：020406）

项目编码	项目名称	项目特征	计量单位	工程量计算规则	工程内容
020406001	金属推拉窗	1. 窗类型 2. 框材质、外围尺寸 3. 扇材质、外围尺寸 4. 玻璃品种、厚度，五金材料、品种、规格 5. 防护材料种类 6. 油漆品种、刷漆遍数	樘/m²	按设计图示数量或设计图示洞口尺寸面积计算	1. 窗制作、运输、安装 2. 五金、玻璃安装 3. 刷防护材料、油漆
020406002	金属平开窗				
020406003	金属固定窗				
020406004	金属百叶窗				
020406005	金属组合窗				
020406006	彩板窗				
020406007	塑钢窗				
020406008	金属防盗窗				
020406009	金属格栅窗				
020406010	特殊五金	1. 五金名称、用途 2. 五金材料、品种、规格	个/套	按设计图示数量计算	1. 五金安装 2. 刷防护材料、油漆

7. 其他门（编码：020407）

项目编码	项目名称	项目特征	计量单位	工程量计算规则	工程内容
020407001	木门窗套	1. 底层厚度、砂浆配合比 2. 立筋材料种类、规格 3. 基层材料种类 4. 面层材料品种、规格、品牌、颜色 5. 防护材料种类 6. 油漆品种、刷油遍数	m²	按设计图示尺寸以展开面积开算	1. 清理基层 2. 底层抹灰 3. 立筋制作、安装 4. 基层板安装 5. 面层铺贴 6. 刷防护材料、油漆
020407002	金属门窗套				
020407003	石材门窗套				
020407004	门窗木贴脸				
020407005	硬木筒子板				
020407006	饰面夹板、筒子板				

8. 窗帘盒、窗帘轨（编码：020408）

项目编码	项目名称	项目特征	计量单位	工程量计算规则	工程内容
020408001	木窗帘盒	1. 窗帘盒材质、规格、颜色 2. 窗帘轨材质、规格 3. 防护材料种类 4. 油漆种类、刷漆遍数	m	按设计图示尺寸以长度计算	1. 制作、运输、安装 2. 刷防护材料、油漆
020408002	饰面夹板、塑料窗帘盒				
020408003	金属窗帘盒				
020408004	窗帘轨				

9. 窗台板（编码：020409）

项目编码	项目名称	项目特征	计量单位	工程量计算规则	工程内容
020409001	木窗台板	1. 找平层厚度、砂浆配合比 2. 窗台板材质、规格、颜色 3. 防护材料种类 4. 油漆种类、刷漆遍数	m	按设计图示尺寸以长度计算	1. 基层清理 2. 抹找平层 3. 窗台板制作、安装 4. 刷防护材料、油漆
020409002	铝塑窗台板				
020409003	石材窗台板				
020409004	金属窗台板				

其他相关问题应按下列规定处理：

① 玻璃、百叶面积占其门扇面积一半以内者应为半玻门或半百叶门，超过一半时应为全玻门或全百叶门；

② 木门五金应包括折页、插销、风钩、弓背拉手、搭扣、木螺丝、弹簧折页（自动门）、管子拉手（自由门、地弹门）、地弹簧（地弹门）、角铁、门轧头（地弹门、自由门）等；

③ 木窗五金应包括折页、插销、风钩、木螺丝、滑轮滑轨（推拉窗）等；

④ 铝合金窗五金应包括卡锁、滑轮、铰拉、执手、拉把、拉手、风撑、角码等；

⑤ 铝合门五金应包括地弹簧、门锁、拉手、门插、门铰、螺丝等；

⑥ 其他门五金应包括 L 形执手插锁（双舌）、球形执手锁（单舌）、门轧头、地锁、防盗门扣、门眼（猫眼）、门碰珠、电子锁（磁卡锁）、闭门器、装饰拉手等。

（四）实例应用

【例 4】 计算图 2-1 中，某二层楼铝合金窗的工程量。

解 根据计算规则，铝合金窗的工程量为设计图示数量，即：

C1518 的工程量＝17 樘

C1520 的工程量＝2 樘

C2118 的工程量＝2 樘

五、油漆、涂料、裱糊工程量计算

（一）油漆、涂料、裱糊工程说明

① 本定额中涂料、油漆工程均采用手工操作，喷塑、喷涂、喷油采用机械喷枪操作，实际施工操作方法不同时，均按本定额执行。

② 油漆项目中，已包括钉眼刷防锈漆的工、料并综合了各种油漆的颜色，设计油漆颜色与定额不符时，人工、材料均不调整。

③ 本定额已综合考虑分色及门窗内外分色的因素，如果需做美术图案者，可按实计算。

④ 定额中规定的喷、涂刷的遍数，如与设计不同时，可按每增减一遍相应子目执行。石膏板面套用抹灰面定额。

⑤ 本定额对硝基清漆、磨退出亮定额子目未具体要求刷理遍数，但应达到漆膜面上的白雾光消除、磨退出亮。

⑥ 色聚氨酯漆已经综合考虑不同色彩的因素，均按本定额执行。

⑦ 本定额抹灰面乳胶漆、裱糊墙纸饰面是根据现行工艺，将墙面封油刮泥子、清油封底、乳胶漆涂刷及墙纸裱糊分列子目，本定额乳胶漆、裱糊墙纸子目已包括再次找补泥子在内。

⑧ 浮雕喷涂料小点、大点规格划分如下。

· 小点：点面积在 1.2 cm² 以下；

· 大点：点面积在 1.2 cm² 以上（含 1.2 cm²）。

⑨ 涂料定额是按常规品种编制的，设计用的品种与定额不符，单价可以换算，可以根据不同的涂料调整定

额含量,其余不变。

⑩ 木材面油漆设计有漂白处理时,由甲、乙双方另行协商。

⑪ 涂刷金属面防火涂料厚度应达到国家防火规范的要求。

(二)油漆、涂料、裱糊工程量计算规则

① 天棚、墙、柱、梁面的喷(刷)涂料和抹灰面乳胶漆,工程量按实喷(刷)面积计算,但不扣除0.3 m² 以内的孔洞面积。

② 木材面油漆工程量计算规则如下。

A. 各种木材面的油漆工程量按构件的工程量乘相应系数计算,其具体系数如下。

· 套用单层木门定额的项目工程量乘以下列系数(见表2-5)。

表2-5　套用单层木门定额工程量系数表

项目名称	系数	工程量计算方法
单层木门	1.00	按洞口面积计算
带上亮木门	0.96	
双层(一玻一纱)木门	1.36	
单层全玻门	0.83	
单层半玻门	0.90	
不包括门套的单层门窗	0.81	
凹凸线条几何图案造型单层木门	1.05	
木百叶门	1.50	
半木百叶门	1.25	
厂库房木大门、钢木大门	1.30	
双层(单裁口)木门	2.00	

注:门窗贴脸、披水条、盖口条的油漆已包括在相应定额内,不予调整;双扇木门按相应单扇木门项目乘以系数0.9;厂库房木大门、钢木大门上的钢骨架、零星铁件油漆已包含在系数内,不另计算。

· 套用单层木窗定额的项目工程量乘以下列系数(见表2-6)。

表2-6　套用单层木窗定额工程量系数表

项目名称	系数	工程量计算方法
单层玻璃窗	1.00	按洞口面积计算
双层(一玻一纱)窗	1.36	
双层(单裁口)窗	2.00	
三层(二玻一纱)窗	2.60	
单层组合窗	0.83	
双层组合窗	1.13	
木百叶窗	1.50	
不包括窗套的单层窗扇	0.81	

• 套用木扶手定额的项目工程量乘下列系数(见表2-7):

表 2-7　套用木扶手定额工程量系数表

项目名称	系数	工程量计算方法
木扶手(不带托板)	1.00	按延长米计算
木扶手(带托板)	2.60	
窗帘盒(箱)	2.04	
窗帘棍	0.35	
装饰线缝宽在150 mm内	0.35	
装饰线缝宽在150 mm外	0.52	
封檐板、顺水板	1.74	

• 套用其他木材面定额的项目工程量乘以下列系数(见表2-8)。

表 2-8　套用其他木材面定额工程量系数表

项目名称	系数	工程量计算方法
纤维板、木板、胶合板天棚	1.00	长×宽
木方格吊顶天棚	1.20	
鱼鳞板墙	2.48	
暖气罩	1.28	
木间壁木隔断	1.90	外围面积 长×(斜长)×高
玻璃间壁露明墙筋	1.65	
木栅栏、木栏杆(带扶手)	1.82	
零星木装修	1.10	展开面积

• 套用木墙裙定额的项目工程量乘以下列系数(见表2-9)。

表 2-9　套用木墙裙定额工程量系数表

项目名称	系数	工程量计算方法
木墙裙	1.00	净长×高
有凹凸、线条几何图案的木墙裙	1.05	

B. 踢脚线按延长米计算,如踢脚线与墙裙油漆材料相同,应合并在墙裙工程量中。

C. 橱、台、柜工程量计算按展开面积计算。零星木装修、梁、柱饰面按展开面积计算。

D. 窗台板、筒子板(门、窗套),不论有无拼花图案和线条均按展开面积计算。

E. 套用木地板定额的项目工程量乘下列系数(见表2-10):

表 2-10　套用木地板定额的项目工程量

项目名称	系数	工程量计算方法
木地板	1.00	长×宽
木楼梯(不包括底面)	2.30	水平投影面积

③ 抹灰面、构件面油漆、涂料、刷浆：

· 抹灰面的油漆、涂料、刷浆工程量为抹灰的工程量；

· 混凝土板底、预制混凝土构件仅油漆、涂料、刷浆的工程量按下列方法（见表2-11）计算，套抹灰面相应子目。

表 2-11　套抹灰面定额工程量计算表

项 目 名 称		系　　数	工程量计算方法
槽形板、混凝土折板底面		1.30	长×宽
有梁板底（含梁底、侧面）		1.30	
混凝土板式楼梯底（斜板）		1.18	水平投影面积
混凝土板式楼梯底（锯齿形）		1.50	
混凝土花格窗、栏杆		2.00	长×宽
遮阳板、栏板		2.10	长×宽（高）
混凝土预制构件	屋架、天窗架	40 m²	每 m³ 构件
	柱、梁、支撑	12 m²	
	其他	20 m²	

④ 金属面油漆工程量计算规则如下。

· 套用单层钢门窗定额的项目工程量乘以下列系数（见表2-12）。

表 2-12　套用单层钢门窗定额工程量计算表

项 目 名 称	系　　数	工程量计算方法
单层钢门窗	1.00	洞口面积
双层钢门窗	1.50	
单钢门窗带纱门窗扇	1.10	
钢百页门窗	2.74	
半截百页铡门	2.22	
满钢门或包铁皮门	1.63	
钢折叠门	2.30	框（扇）外围面积
射线防护门	3.00	
厂库房平开门、推拉门	1.70	
间壁	1.90	长×宽
平板屋面	0.7	斜长×宽
瓦垄板屋面	0.89	
镀锌铁皮排水、伸缩缝盖板	0.78	展开面积
吸气罩	1.63	水平投影面积

· 其他金属面油漆,按构件油漆部分表面积计算。

· 套用金属面定额的项目:原材料每米重量 5 kg 以内为小型构件,防火涂料用量乘以系数 1.02,人工乘以系数 1.1;网架上刷防火涂料时,人工乘以系数 1.4。

⑤ 刷防火涂料计算规则如下:

· 隔壁、护壁木龙骨按其面层正立面投影面积计算;

· 柱木龙骨按其面层外围面积计算;

· 天棚龙骨按其水平投影面积计算;

· 木地板中木龙骨及木龙骨带毛地板按地板面积计算;

· 隔壁、护壁、柱、天棚面层及木地板刷防火涂料,执行其他木材面刷防火涂料相应子目。

(三)油漆、涂料、裱糊工程量计算内容

1. 门油漆(编码:020501)

项目编码	项目名称	项目特征	计量单位	工程量计算规则	工程内容
020501001	门油漆	1. 门类型 2. 泥子种类 3. 刮泥子要求 4. 防护材料种类 5. 油漆品种、刷漆遍数	樘/m²	按设计图示数量或设计图示单面洞口面积计算	1. 基层清理 2. 刮泥子 3. 刷防护材料、油漆

2. 窗油漆(编码:020502)

项目编码	项目名称	项目特征	计量单位	工程量计算规则	工程内容
020502001	窗油漆	1. 窗类型 2. 泥子种类 3. 刮泥子要求 4. 防护材料种类 5. 油漆品种、刷漆遍数	樘/m²	按设计图示数量或设计图示单面洞口面积计算	1. 基层清理 2. 刮泥于 3. 刷防护材料、油漆

3. 木扶手及其他板条线条油漆(编码:020503)

项目编码	项目名称	项目特征	计量单位	工程量计算规则	工程内容
020503001	木扶手油漆	1. 泥子种类 2. 刮泥子要求 3. 油漆体单位展开面积 4. 油漆体长度 5. 防护材料种类 6. 油漆品种、刷漆遍数	m	按设计图示尺寸以长度计算	1. 基层清理 2. 刮泥子 3. 刷防护材料、油漆
020503002	窗帘盒油漆				
020503003	封檐板、顺水板油漆				
020503004	挂衣板、黑板框油漆				
020503005	挂镜线、窗帘棍、单独木线油漆				

4. 木材面油漆（编码：020504）

项目编码	项目名称	项目特征	计量单位	工程量计算规则	工程内容
020504001	木板、纤维板、胶合板油漆	1. 泥子种类 2. 刮泥子要求 3. 防护材料种类 4. 油漆品种、刷漆遍数	m²	按设计图示尺寸以面积计算	1. 基层清理 2. 刮泥子 3. 刷防护材料、油漆
020504002	木护墙、木墙裙油漆				
020504003	窗台板、筒子板、盖板、门窗套、踢脚线油漆				
020504004	清水板条天棚、檐口油漆				
020504005	木方格吊顶天棚油漆				
020504006	吸音板墙面、天棚面油漆				
020504007	暖气罩油漆				
020504008	木间壁、木隔断油漆			按设计图示尺寸以单面外围面积计算	
020504009	玻璃间壁露明墙筋油漆				
020504010	木栅栏、木栏杆（带扶手）油漆				
020504011	衣柜、壁柜油漆			按设计图示尺寸以油漆部分展开面积计算	
020504012	梁柱饰面油漆				
020504013	零星木装修油漆				
020504014	木地板油漆			按设计图示尺寸以面积计算。空洞、空圈、暖气包槽、壁龛的开口部分并入相应的工程量内	
020504015	木地板烫硬蜡面	1. 硬蜡品种 2. 面层处理要求			1. 基层清理 2. 烫蜡

5. 金属面油漆（编码：020505）

项目编码	项目名称	项目特征	计量单位	工程量计算规则	工程内容
020505001	金属面油漆	1. 泥子种类 2. 刮泥子要求 3. 防护材料种类 4. 油漆品种、刷漆遍数	t	按设计图示尺寸以质量计算	1. 基层清理 2. 刮泥子 3. 刷防护材料、油漆

6. 抹灰面油漆（编码：020506）

项目编码	项目名称	项目特征	计量单位	工程量计算规则	工程内容
020506001	抹灰面子油漆	1. 基层类型 2. 线条宽度、道数 3. 泥子种类 4. 刮泥子要求 5. 防护材料种类 6. 油漆品种、刷漆遍数	m²	按设计图示尺寸以面积计算	1. 基层清理 2. 刮泥子 3. 刷防护材料、油漆
020506002	抹灰线条油漆		m	按设计图示尺寸以长度计算	

7. 喷刷、涂料（编码：020507）

项目编码	项目名称	项目特征	计量单位	工程量计算规则	工程内容
020507001	刷、喷涂料	1. 基层类型 2. 泥子种类 3. 刮泥子要求 4. 涂料品种、刷喷遍数	m²	按设计图示尺寸以面积计算	1. 基层清理 2. 刮泥子 3. 刷、喷涂料

8. 花饰、线条刷涂料（编码：020508）

项目编码	项目名称	项目特征	计量单位	工程量计算规则	工程内容
020508001	空花格、栏杆刷涂料	1. 泥子种类 2. 线条宽度 3. 刮泥子要求 4. 涂料品种、刷喷遍数	m²	按设计图示尺寸以单面外围面积计算	1. 基层清理 2. 刮泥子 3. 刷、喷涂料
020508002	线条刷涂料		m	按设计图示尺寸以长度计算	

9. 裱糊（编码：020509）

项目编码	项目名称	项目特征	计量单位	工程量计算规则	工程内容
020509001	墙纸裱糊	1. 基层类型 2. 裱糊构件部位 3. 泥子种类 4. 刮泥子要求 5. 黏结材料种类 6. 防护材料种类 7. 面层材料品种、规格、品牌、颜色	m²	按设计图示尺寸以面积计算	1. 基层清理 2. 刮泥子 3. 面层铺粘 4. 刷防护材料
020509002	织锦缎裱糊				

其他相关问题应按下列规定处理：

① 门油漆应区分单层木门、双层（一玻一纱）木门、双层框扇（单裁口）木门、全玻自由门、半玻自由门、装饰门及有框门或无框门等，分别编码列项；

② 窗油漆应区分单层玻璃窗、双层（一玻一纱）木窗、双层框扇（单裁口）木窗、双层框三层（二玻一纱）木窗、单层组合窗、双层组合窗、木百叶窗、木推拉窗等，分别编码列项；

③ 木扶手应区分带托板与不带托板，分别编码列项。

（四）实例实用

【例5】　两公寓房墙面高为 2.9 m，踢脚线高 15 cm，墙面铺贴壁纸，如图 2-4 所示，计算其工程量。

　　解　根据计算规则，墙面贴壁纸以实贴面积计算，并应扣除门窗洞口和踢脚板工程量，增加门窗洞口侧壁面积。

　　① 墙净长 $L = (14.4 - 0.24 \times 4) \times 2$ m $+ (4.8 - 0.24) \times 8$ m $= 63.36$ m

　　② 扣减的门窗洞口和踢脚板面积：

$S_{踢脚板}=0.15\times63.36\ \mathrm{m^2}=9.5\ \mathrm{m^2}$

$S_{M_1}=1.0\times(2-0.15)\times2\ \mathrm{m^2}=3.7\ \mathrm{m^2}$

$S_{M_2}=0.9\times(2.2-0.15)\times4\ \mathrm{m^2}=7.38\ \mathrm{m^2}$

$S_C=(1.8\times2+1.1\times2+1.6\times6)\times1.5\ \mathrm{m^2}=23.1\ \mathrm{m^2}$

$S_{合}=9.5\ \mathrm{m^2}+3.7\ \mathrm{m^2}+7.38\ \mathrm{m^2}+23.1\ \mathrm{m^2}=43.68\ \mathrm{m^2}$

③ 增加的门窗洞口侧壁面积：

$S_{M_1}=4\times(2-0.15)\times(0.24-0.09)/2\ \mathrm{m^2}+2\times1.0\times(0.24-0.09)/2\ \mathrm{m^2}=0.71\ \mathrm{m^2}$

$S_{M_2}=(0.24-0.09)(2.2-0.15)\times4\ \mathrm{m^2}+(0.24-0.09)\times0.9\times2\ \mathrm{m^2}=1.5\ \mathrm{m^2}$

$S_C=[(1.8+1.5)\times2\times2+(1.1+1.5)\times2\times2+(1.6+1.5)\times2\times6]\times(0.24-0.09)/2\ \mathrm{m^2}=4.56\ \mathrm{m^2}$

$S_{合}=0.71\ \mathrm{m^2}+1.5\ \mathrm{m^2}+4.56\ \mathrm{m^2}=6.77\ \mathrm{m^2}$

④ 贴墙纸工程量：

$S=63.36\times2.9\ \mathrm{m^2}-43.68\ \mathrm{m^2}+6.77\ \mathrm{m^2}=146.83\ \mathrm{m^2}$

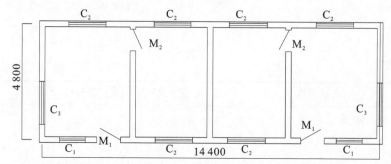

$M_1:1.0\mathrm{m}\times2.0\mathrm{m}$；$M_2:0.9\mathrm{m}\times2.2\mathrm{m}$；$C_1:1.1\mathrm{m}\times1.5\mathrm{m}$；$C_2:1.6\mathrm{m}\times1.5\mathrm{m}$；$C_3:1.8\mathrm{m}\times1.5\mathrm{m}$

图 2-4 公寓房墙面装饰结构图

六、其他零星工程量计算

（一）其他零星工程说明

① 本定额中除铁件、钢骨架已包括刷防锈漆一遍外，其余均未包括油漆、防火漆的工料，如设计涂刷油漆、防火漆按油漆相应定额子目套用。

② 本定额招牌分为平面型、箱体型两种，在此基础上又分为简单、复杂型。平面型是指厚度在 120 mm 以内，在一个平面上有招牌。箱体型是指厚度超过 120 mm，一个平面上有招牌或多面有招牌。沿雨篷、檐口、阳台走向立式招牌，按平面招牌复杂项目执行。

简单型招牌是指矩形或多边形、面层平整无凹凸面者。复杂招牌是指圆弧形或面层有凹凸造型者，不论安装在建筑物的何种部位均按相应定额执行。

③ 招牌、灯箱内灯具未包括在内。

④ 字体安装均以成品安装为准，不区分字体，均执行本定额。

⑤ 本定额装饰线条安装为线条成品安装，定额均以安装在墙面上为准。设计安装在天棚面层时，按以下规定执行（但墙、顶交界处的角线除外）；钉在木龙骨基层上，其人工按相应子目乘系数 1.34；钉在钢龙骨基层上，其人工按相应子目乘系数 1.68；钉木装饰线条图案者，人工乘系数 1.50（木龙骨基层上）及 1.80（钢龙骨基层

上）。设计装饰线条成品规格与定额不同时应换算，但含量不变。

⑥ 石材装饰线条均按成品安装考虑。石材装饰线条的磨边、异型加工等均包含在成品线条的单价中，不再另计。

⑦ 本定额中的石材磨边是按在现场制作加工编制的，实际由外单位加工时，应另行计算。

⑧ 成品保护是指对已做好的项目面层上覆盖保护层，保护层的材料不同不得换算，实际施工中未覆盖的不得计算成品保护。

⑨ 货柜、柜类定额中未考虑面板拼花及饰面板上贴其他材料的花饰、造型艺术品，货架、柜类图见定额附件。该部分定额子目仅供参考使用。

⑩ 石材的镜面处理另行计算。

⑪ 石材面刷防护剂是指通过刷、喷、涂、滚等方法，使石材防护剂均匀分布在石材表面或渗透到石材内部形成一种保护，使石材具有防水、防污、耐酸碱、抗老化、抗冻融、抗生物侵蚀等功能，从而达到提高石材使用寿命和装饰性能的效果。

（二）其他零星工程量计算规则

① 灯箱面层按展开面积以平方米计算。

② 招牌字按每个字面积在 0.2 m^2 内、0.5 m^2 内、0.5 m^2 外三个子目划分，字不论安装在何种墙面或其他部位均按字的个数计算。

③ 单线木压条、木花式线条、木曲线条、金属装饰条及多线木装饰条、石材线等安装均按外围延长米计算。

④ 石材及块料磨边、胶合板刨边、打硅酮密封胶，均按延长米计算。

⑤ 门窗套、筒子板按面层展开面积计算。窗台板按平方米计算。如图纸未注明窗台板长度时，可按窗框外围两边共加 100 mm 计算；窗口凸出墙面的宽度，按抹灰面另加 30 mm 计算。

⑥ 暖气罩按外框投影面积计算。

⑦ 窗帘盒及窗帘轨按延长米计算，如设计图纸未注明尺寸可按洞口尺寸加 30 cm 计算。

⑧ 窗帘装饰布：

·窗帘布、窗纱布、垂直窗帘的工程量按展开面积计算；

·窗水波幔帘按延长米计算。

⑨ 石膏浮雕灯盘、角花按个数计算，检修孔、灯孔、开洞按个数计算，灯带按延长米计算，灯槽按中心线延长米计算。

⑩ 石材防护剂按实际涂刷面积计算。成品保护层按相应子目工程量计算，台阶、楼梯按水平投影面积计算。

⑪ 卫生间配件：

·石材洗漱台板工程量按展开面积计算；

·浴帘杆按数量以每 10 支计算，浴缸拉手及毛巾架按数量以每 10 副计算。

·无基层成品镜面玻璃、有基层成品镜面玻璃，均按玻璃外围面积计算。镜框线条另计。

⑫ 隔断的计算：

·半玻璃隔断是指上部为玻璃隔断，下部为其他墙体，其工程量按半玻璃设计边框外边线以平方米计算；

·全玻璃隔断，其高度自下横档底算至上横档顶，宽度按两边立框外边计，以平方米计算；

·玻璃砖隔断按玻璃砖格式框外围面积计算；

·花式隔断、网眼木格隔断（木葡萄架）均以框外围面积计算；

· 浴厕木隔断,其高度自下横档底算至上横档顶面,以平方米计算,门扇面积并入隔断面积内计算;

· 塑钢隔断按框外围面积计算。

⑬ 货架、柜橱类均以正立面的高(包括脚的高度在内)乘以宽,以平方米计算,收银台以个计算,其他以延长米为单位计算。

(三)其他零星工程量计算内容

1. 柜类、货架（编码:020601）

项目编码	项目名称	项目特征	计量单位	工程量计算规则	工程内容
020601001	柜台				
020601002	酒柜				
020601003	衣柜				
020601004	存包柜				
020601005	鞋柜				
020601006	书柜				
020601007	厨房壁柜				
020601008	木壁柜				
020601009	厨房吊柜	1. 台柜规格			
020601010	房吊柜橱	2. 材料种类、规格	个	按设计图示数量计算	1. 台柜制作、运输、安装(安放)
020601011	矮柜	3. 五金种类、规格 4. 防护材料种类			2. 刷防护材料、油漆
020601012	吧台背柜	5. 油漆品种、刷漆遍数			
020601013	酒吧吊柜				
020601014	酒吧台				
020601015	展台				
020601016	收银台				
020601017	试衣间				
020601018	货架				
020601019	书架				
020601020	服务台				

2. 暖气罩（编码:020602）

项目编码	项目名称	项目特征	计量单位	工程量计算规则	工程内容
020602001	饰面板暖气罩	1. 暖气罩材质			
020602002	塑料板暖气罩	2. 单个罩垂直投影面积 3. 防护材料种类	m²	按设计图示尺寸以垂直投影面积(不展开)计算	1. 暖气罩制作、运输、安装 2. 刷防护材料、油漆
020602003	金属暖气罩	4. 油漆品种、刷漆遍数			

3. 浴厕配件（编码：020603）

项目编码	项目名称	项目特征	计量单位	工程量计算规则	工程内容
020603001	洗漱台	1. 材料品种、规格、品牌、颜色 2. 支架、配件品种、规格、品牌 3. 油漆品种、刷漆遍数	m²	按设计图示尺寸以台面外接矩形面积计算，不扣除孔洞、挖弯、削角所占面积，挡板、吊沿板面积并入台面面积内	1. 台面及支架制作、运输、安装 2. 杆、环、盒、配件安装 3. 刷油漆
020603002	晒衣架		根（套）	按设计图示数量计算	
020603003	帘子杆				
020603004	浴缸拉手				
020603005	毛巾杆（架）				
020603006	毛巾环		副		
020603007	卫生纸盒		个		
020603008	肥皂盒				
020603009	镜面玻璃	1. 镜面玻璃品种、规格 2. 框材质、断面尺寸 3. 基层材料种类 4. 防护材料种类 5. 油漆品种、刷漆遍数	m²	按设计图示尺寸以边框外围面积计算	1. 基层安装 2. 玻璃及框制作、运输、安装 3. 刷防护材料、油漆
020603010	镜箱	1. 箱材质、规格 2. 玻璃品种、规格 3. 基层材料种类 4. 防护材料种类 5. 油漆品种、刷漆遍数	个	按设计图示数量计算	1. 基层安装 2. 箱体制作、运输、安装 3. 玻璃安装 4. 刷防护材料、油漆

4. 压条、装饰线（编码：020604）

项目编码	项目名称	项目特征	计量单位	工程量计算规则	工程内容
020604001	金属装饰线	1. 基层类型 2. 线条材料品种、规格、颜色 3. 防护材料种类 4. 油漆品种、刷漆遍数	m	按设计图示尺寸以长度计算	1. 线条制作、安装 2. 刷防护材料、油漆
020604002	木质装饰线				
020604003	石材装饰线				
020604004	石膏装饰线				
020604005	镜面玻璃线				
020604006	铝塑装饰线				
020604007	塑料装饰线				

5. 雨篷、旗杆（编码：020605）

项目编码	项目名称	项目特征	计量单位	工程量计算规则	工程内容
020605001	雨篷吊挂饰面	1. 基层类型 2. 龙骨材料种类、规格、中距 3. 面层材料品种、规格、品牌 4. 吊顶（天棚）材料、品种、规格、品牌 5. 嵌缝材料种类 6. 防护材料种类 7. 油漆品种、刷漆遍数	m²	按设计图示尺寸以水平投影面积计算	1. 底层抹灰 2. 龙骨基层安装 3. 面层安装 4. 刷防护材料、油漆
020605002	金属旗杆	1. 旗杆材料、种类、规格 2. 旗杆高度 3. 基础材料种类 4. 基座材料种类 5. 基座面层材料、种类、规格	根	按设计图示数量计算	1. 土石挖填 2. 基础混凝土浇注 3. 旗杆制作、安装 4. 旗杆台座制作、饰面

6. 招牌、灯箱（编码：020606）

项目编码	项目名称	项目特征	计量单位	工程量计算规则	工程内容
020606001	平面、箱式招牌	1. 箱体规格 2. 基层材料种类 3. 面层材料种类 4. 防护材料种类 5. 油漆品种、刷漆遍数	m²	按设计图示尺寸以正立面边框外围面积计算，复杂形的凸凹造型部分不增加面积	1. 基层安装 2. 箱体及支架制作、运输、安装 3. 面层制作、安装 4. 刷防护材料、油漆
020606002	竖式标箱		个	按设计图示数量计算	
020606003	灯箱				

7. 美术字（编码：020607）

项目编码	项目名称	项目特征	计量单位	工程量计算规则	工程内容
020607001	泡沫塑料字	1. 基层类型 2. 镌字材料品种、颜色 3. 字体规格 4. 固定方式 5. 油漆品种、刷漆遍数	个	按设计图示数量计算	1. 字制作、运输、安装 2. 刷油漆
020607002	有机玻璃字				
020607003	木质字				
020607004	金属字				

分部分项工程量清单编制 ◀◀◀◀

一、工程量清单的内容及格式

工程量清单是指拟建工程的分部分项工程项目、措施项目、其他项目、零星工作项目的名称和相应数量的明细清单。它由分部分项工程量清单、措施项目清单、其他项目清单、零星工作项目表等内容组成,其中分部分项工程量清单是核心。

工程量清单是招标文件和工程合同的重要组成部分,是编制招标工程控制价、投标报价、签订工程合同、调整工程量、支付工程进度款和办理竣工结算的依据。

为了规范装饰工程投标报价的计价行为,统一装饰工程工程量清单的编制和计价方法,维护招标人和投标人的合法权益,促进建筑装饰的市场化进程,根据《招标投标法》以及《建设工程施工发包和承包计价管理办法》、《建设工程工程量清单计价规范》(以下简称《清单规范》)等一系列政策法规的规定,从 2003 年 7 月 1 日起,装饰工程招标投标中的投标报价活动全面推行装饰工程工程量清单计价的报价方法,即:招标人必须按照《清单规范》的规定编制装饰工程工程量清单,并列入招标文件中提供给投标人,投标人也必须按照《清单规范》的要求填报装饰工程工程量清单计价表,并据此进行投标报价。

《清单规范》中对工程量清单的格式进行了统一规定,其内容有:工程量清单封面、填表须知、工程量清单总说明、分部分项工程量清单、措施项目清单、其他项目清单和零星工作项目表。工程量清单的编写应由招标人完成,除以上规定的内容以外,招标人可根据具体情况进行补充。

1. 工程量清单封面

招标人需在工程量清单封面上填写:拟建的工程项目名称、招标人(招标单位)法定代表人、中介机构法定代表人、造价工程师及注册证号、编制时间。

2. 工程量清单填表须知

招标人在编写工程量清单表格时,必须按照所规定的要求完成。具体规定如下:

① 工程量清单及其计价格式中所有要求签字、盖章的地方,必须由规定的单位和人员签字、盖章;

② 工程量清单及其计价格式中的任何内容不得随意删除或涂改;

③ 工程量清单计价格式中列明的所有需要填报的单价和合价,投标人均应填报,未填报的单价和合价,视为此项费用已包含在工程量清单的其他单价及合价中。

3. 工程量清单总说明

工程量清单总说明的主要作用是招标人用于说明招标工程的工程概况、招标范围、工程量清单的编制依据、工程质量的要求、主要材料的价格来源等。

4. 分部分项工程量清单

分部分项工程量清单包括项目编码、项目名称、计量单位和工程数量等四项内容。编制分部分项工程量清单，主要就是将设计图纸规定要实施完成的工程的全部对象、内容和任务等列成清单，列出分部分项工程的项目名称，计算出相应项目的实体工程数量，制作完成工程量清单表。

分部分项工程量清单应根据《清单规范》附录 A、附录 B、附录 C、附录 D、附录 E 规定的统一项目编码、统一项目名称、统一计量单位、统一工程量计算规则进行编制。

5. 措施项目清单

措施项目是指为了完成工程项目施工，发生于工程施工前和施工过程中的技术、生活、安全等方面的非工程实体的项目。在措施项目清单中将这些非工程实体的项目逐一列出。

6. 其他项目清单

其他项目清单是指分部分项工程清单和措施项目清单以外，该工程项目施工中可能发生的其他费用。工程建设标准的高低、工程的复杂程度、工程的工期长短、工程的组成内容等直接影响其他项目清单中的具体内容。其他项目清单分招标人部分和投标人部分。招标人部分包括预留金、材料购置费等，投标人部分包括总承包服务费、零星工作项目费等。

二、各分部分项工程量清单编制

分部分项工程量清单应满足工程计价的要求，同时还应满足规范管理、方便管理的要求。通常根据附录规定的项目编码、项目名称、项目特征、计量单位和工程量计算规则五个要素，按照统一项目编码、统一项目名称、统一计量单位、统一工程量计算规则"四统一"的原则进行编制。

1. 项目编码

分部分项工程量清单中的项目编码统一按 12 位数字表示，前 9 位为全国统一编码，在编制分部分项工程量清单时，应按《清单规范》附录 B 的规定设置，不得变动；10 至 12 位是清单项目名称编码，应根据拟建工程的工程量清单项目名称由清单编制人设置，并应自 001 起顺序编制。

例如：项目编码为 020101001001 的工程项目是水泥砂浆楼地面中的某一类，各数字含义如下所述。

02——装饰装修工程工程量清单项目（根据附录 B，01 为土建，02 为装饰，03 为安装，04 为市政工程）；

01——楼地面工程（以楼地面工程为例，01 为楼地面工程，02 为墙柱面工程，03 为天棚工程，04 为门窗工程，05 为油漆、涂料、裱糊工程，06 为其他工程）；

01——整体面层（以楼地面工程为例，01 为整体面层，02 为块料面层，03 为橡塑面层，04 为其他材料面层，05 为踢脚线，06 为楼梯装饰等，共 9 项）；

001——水泥砂浆楼地面（以整体面层为例，001 为水泥砂浆楼地面，002 为现浇水磨石，003 为细石砼，004 为菱苦土）；

001——水泥砂浆楼地面（因厚度、材料或所处基层不同而分开列项，依次编码 001、002、003 等）。

该项目编码的含义可用图 2-5 表示。

2. 项目名称

确定项目名称时应考虑如下因素：

① 施工图纸；

②《清单规范》附录 B 中的项目名称；

③ 附录 B 中的项目特征，包括项目的要求，材料的规格、型号、材质等特征要求；

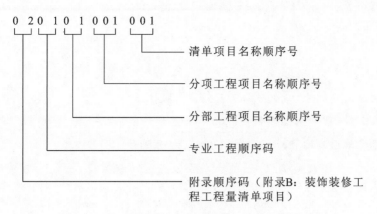

图 2-5　项目编码为 020101001001 的工程项目含义

④ 拟建工程的实际情况。

其中,招标人清单编制的质量、项目特征是重要的体现。项目特征也是决定清单综合单价的重要因素,是投标人投标报价的参考,也是后期索赔的依据。

3. 计量单位

计量单位均应按《清单规范》附录 B 中各分部分项工程规定的"计量单位"执行。

4. 工程量计算

工程量清单表中的工程数量应按所列工程子目逐项计算,计算应按《清单规范》附录 B 中工程量计算规则进行,计算式应符合规则的要求。工程量的有效位数应遵循以下规定:

① 以 t 为单位的,保留小数点后三位有效数字,第四位四舍五入;

② 以 m^3、m^2、m 为单位的,保留小数点后两位有效数字,第三位四舍五入;

③ 以个、项为单位的,应取整数。

5. 分部分项工程量清单实例

某局办公楼装饰工程工程量清单如表 2-13 所示。

表 2-13　分部分项工程量清单与计价表

工程名称:××装饰工程　　　　　　　　　　标段:　　　　　　　　　　第 1 页　共 30 页

序号	项目编码	项目名称	项目特征描述	计量单位	工程量	金额/元		
						综合单价	合价	其中:暂估价
1	020101001001	水泥砂浆楼地面	地面找平 30 mm	m^2	215.66			
2	020102002001	块料楼地面	800×800 玻化砖楼地面	m^2	215.66			
3	020302001001	天棚吊顶	$\phi8$ 镀锌全丝牙吊杆、C50 系列 U 型龙骨、600×400、简单造型,9.5 mm 厚纸面石膏板,批泥子三遍,自粘胶带,乳胶漆三遍(详见施工图)	m^2	187.5			
			本页小计					
			合　　计					

思考与练习

一、单选题

1. 工程量清单编制原则归纳为"四统一"，下列错误的提法是（　　）。

A. 项目编码统一　　　B. 项目名称统一　　　C. 计价依据统一　　　D. 工程量计算规则统一

2. 分部分项工程量清单项目编码为030403003001，该项目为（　　）项目。

A. 装饰装修工程　　　B. 建筑工程　　　C. 安装工程　　　D. 市政工程

3. 木门窗套安装的计量单位是（　　）。

A. 个　　　B. m　　　C. 樘　　　D. m²

4. 分部分项工程量清单项目编码为020501001001，该项目为（　　）项目。

A. 门窗工程　　　B. 天棚工程　　　C. 油漆、涂料、裱糊工程　　　D. 其他工程

5. 窗帘盒的计量单位是（　　）。

A. 延长米　　　B. m　　　C. 个　　　D. m²

6. 涂料定额是按常规品种编制的，设计用的品种与定额不符时，（　　）。

A. 甲乙双方协商确定　　　B. 涂料单价可以换算，其余不变

C. 直接套用定额　　　D. 所有材料单价都须换算

7. 定额编号为13-59的项目，其代表的工程项目属于（　　）。

A. 天棚工程　　　B. 墙柱面工程　　　C. 楼地面工程　　　D. 油漆、涂料工程

8. 某包间采用装饰板墙面，房间净长4.2 m，净高2.4 m，净宽3.5 m，装有一扇门，规格为900 mm×2 100 mm，不开窗，设一洞口传菜，规格为600 mm×400 mm，则该装饰板墙面的工程量为（　　）。

A. 34.83 m²　　　B. 35.07 m²　　　C. 36.95 m²　　　D. 35.83 m²

9. 一墙面装饰工程，其清单编号的前四位是（　　）。

A. 0202　　　B. 0302　　　C. 0201　　　D. 0103

10. 木龙骨刷防火涂料工程，应计入（　　）处理。

A. 天棚工程　　　B. 门窗工程　　　C. 其他工程　　　D. 油漆、涂料工程

二、多选题

1. 下列项目属于墙柱面工程的是（　　）。

A. 墙纸裱糊　　　B. 石材梁面　　　C. 隔断

D. 全玻幕墙　　　E. 塑料靠墙扶手

2. 天棚抹灰项目包括的工作内容有（　　）。

A. 刷乳胶漆　　　B. 抹装饰线条　　　C. 底层抹灰

D. 抹面层　　　E. 基层清理

3. 下列项目属于楼地面工程的是（　　）。

A. 踢脚线　　　B. 栏杆、扶手　　　C. 水泥砂浆垫层

D. 楼梯　　　E. 干挂石材钢骨架

4. 石材墙面的项目特征一般包括（　　）。

A. 墙体类型　　　B. 面层材料品种、规格、品牌、颜色

C. 垫层材料种类、厚度　　　D. 磨光、酸洗、打蜡要求

E. 缝宽、嵌缝材料种类

5. 下列项目属于天棚工程分项工程的是(　　　)。

A. 天棚面装饰线　　　　　B. 天棚面砂胶喷涂　　　　C. 天棚抹灰面多彩涂料

D. 吊在混凝土楼板上的方木龙骨　　E. 塑料扣板

6. 天棚工程量清单计价需要分别计算(　　　)。

A. 天棚　　　　　　　　　B. 龙骨　　　　　　　　　C. 面层

D. 吊筋　　　　　　　　　E. 基层

7. 材料费主要包括(　　　)。

A. 材料费　　　　　　　　B. 二次搬运费　　　　　　C. 损耗费

D. 运杂费　　　　　　　　E. 保管费

8. 下列说法错误的是(　　　)。

A. 天棚龙骨按其水平投影面积计算

B. 木百叶门的油漆工程量按门的工程量乘系数 1.2 计算

C. 分部分期工程量清单中的项目编码统一用 11 位数字表示

D. 楼梯整体面层按楼梯的水平投影面积以平方米计算

E. 石材装饰线条的磨边、异型加工等均包含在成品线条的单价中,不再另计。

三、思考题

1. 如果投标人的施工方案描述的工作内容和特征与招标人提供的工程量清单不同,是否允许对工程量清单项目工程内容和特征描述进行修改、补充?

2. 描述"项目特征"时,全部描述比较烦琐,能否引用施工图(例如:第几项的内容)?

四、练习题

就所在教室的装饰工程,进行分部分项工程量清单编制。

项目三
建筑装饰工程
费用与计算

ShiNeiZhuangShi
GongCheng Zaojia

教学目标

最终目标:掌握工程造价的构成,能运用工程量清单计价法对给定装饰工程报价。

促成目标:(1) 掌握分部分项工程的内容;

　　　　　(2) 理解构成工程费用的各部分内容及计算方法;

　　　　　(3) 熟悉市场协商报价法;

　　　　　(4) 了解定额计价法;

　　　　　(5) 培养严谨认真的工作作风。

工作任务

对给定的工程量进行报价。

活动设计

1. 活动思路

根据给定的工程量及其他相关辅助资料,进行综合单价分析,并最终做出准确的报价文件,在学习过程中理解工程量清单计价的原理

2. 活动评价

评价内容为学生作业;评价标准如下:

评价等级	评 价 标 准
优秀	能够运用正确的方法和步骤对给定的工程量清单进行报价,且能够全面考虑问题,进行正确的换算与调整
合格	基本能够对给定的工程量清单进行报价,能够考虑到重要的换算与调整
不合格	不能为给定的工程量清单做出报价

单元一

建筑装饰工程费用的组成 ◀◀◀◀

一、我国现行建筑装饰工程费用组成

按照规定,我国现行建筑装饰工程费用主要由四部分组成:直接费、间接费、利润和税金。其具体构成如表3-1所示。

表 3-1　我国现行建筑装饰工程费用的组成

费用项目			费用主要内容
直接费	直接工程费	人工费	基本要素是人工工日消耗量和人工单价
		材料费	基本要素是材料消耗量、基价和检验试验费
		机械费	基本要素是机械台班消耗量和台班单价
	措施费	通用措施项目	安全、文明施工费	由环境保护费、临时设施费等组成
			夜间施工增加费	夜班补助费、夜间施工降效、用电等费用
			二次搬运费	因施工场地狭小等特殊情况而发生
			冬雨季施工增加费	采取保温、防雨措施所增加的费用等
			施工排水费	为保证工程在正常条件下施工采取排水措施
			施工降水费	为保证工程在正常条件下施工采取降水措施
			地上、地下设施、建筑物的临时保护设施费	在施工场地搭设临时保护设施发生的费用
			已完工程及设备保护费	竣工验收前对已完工程进行保护所需费用
		专业措施项目	垂直运输机械费	
			室内空气污染测试费	
间接费	规费	工程排污费	
		社会保障费	基本养老保险费、失业保险费、基本医疗保险费
		住房公积金	
		危险作业意外伤害保险	企业为从事危险作业人员支付的保险费
	企业管理费		管理人员的工资、办公费、工具用具使用费、差旅交通费、职工教育经费等
利润			施工企业完成所承包工程获得的赢利
税金			营业税、城市维护建设税和教育费附加

（一）直接费

建筑装饰工程直接费由直接工程费和措施费组成。

1. 直接工程费

直接工程费是指施工过程中耗费的直接构成工程实体的各项费用，包括人工费、材料费和施工机械使用费。

（1）人工费　指应列入计价表的直接从事建筑与装饰工程施工工人（包括现场内水平、垂直运输等辅助工人）和附属辅助生产单位（非独立经济核算单位）的工人的基本工资、工资性津贴、流动施工津贴、房租补贴、职工福利费、劳动保护费。

（2）材料费　指由应列入计价表的材料、构件和半成品材料的用量以及周转材料的摊销量乘以相应的预算价格计算的费用。

（3）机械费　指应列入计价表的施工机械台班消耗量按相应的施工机械台班单价计算的建筑与装饰工程施工机械使用费，以及机械安、拆和进（返）场费。

2. 措施费

（1）安全、文明施工费　安全、文明施工措施费用，是指根据国家现行的建筑装饰施工安全、施工现场环境与卫生标准和有关规定,购置和更新施工安全防护用具及设施、改善安全生产条件和作业环境所需要的费用。它一般由环境保护费、文明施工费、安全施工费、临时设施费组成。环境保护费是指在正常施工条件下,环保部门按规定向施工单位收取的噪声、扬尘、排污等费用。现场安全、文明施工措施费包括脚手架挂安全网、铺安全竹笆片、洞口五临边及电梯井护栏费用、电气保护安全照明设施费、消防设施及各类标牌摊销费、施工现场环境美化、现场生活卫生设施、施工出入口清洗及污水排放设施、建筑垃圾清理外运等内容。临时设施费指施工单位为进行建筑与装饰工程施工所必需的生产和生活用的临时建筑物、构筑物和其他临时设施等费用。临时设施费包括临时设施的搭设、维修、拆除、摊销等费用。

(2) 夜间施工增加费　指按规范、规程要求正常作业而发生的照明设施、夜班补助和工效降低等费用。

(3) 二次搬运费　指因施工场地狭小而发生的二次搬运所需费用。

(4) 冬雨季施工增加费　指在冬雨季施工期间,为了确保工程质量,采取保温、防雨措施所增加的材料费、人工费和设施费用,以及因工效和机械作业效率降低所增加的费用。

(5) 检验试验费　是指根据有关国家标准或施工验收规范要求对建筑材料、构配件和建筑物工程质量检测检验发生的费用。除此以外发生的检验试验费,如已有质保书材料,而建设单位或质监部门另行要求检验试验所发生的费用,以及新材料、新工艺、新设备的试验费等应另行向建设单位收取。

(6) 施工排水费、降水费　指施工过程中发生的排水、降水费用。

(7) 垂直运输机械费　指在合理工期内完成单位工程全部项目所需的垂直运输机械台班费用。

(8) 脚手架费　指脚手架搭设、加固、拆除、周转材料摊销等费用。

(9) 已完工程及设备保护费　指对已施工完成的工程和设备采取保护措施所发生的费用。

(10) 室内空气污染测试费　指对室内空气相关参数进行检测发生的人工和检测设备的摊销等费用。

其他还有如赶工措施费、工程按质论价、特殊条件下施工增加费等。

(二)间接费

建筑装饰工程间接费是指虽不直接由施工的工艺过程所引起,但却与工程的总体条件有关,建筑装饰企业为组织施工和进行经营管理,间接为建筑装饰生产服务的各项费用。

按照现行规定,建筑装饰工程间接费由规费和企业管理费组成。

1. 规费

规费是指政府和有关权力部门规定必须缴纳的费用,包括以下四项。

(1) 工程排污费　是指施工现场按规定缴纳的工程排污费。

(2) 社会保障费　是指企业按规定标准为职工缴纳的基本养老保险费、失业保险费和基本医疗保险费。

(3) 住房公积金　是指企业按规定标准为职工缴纳的住房公积金。

(4) 危险作业意外伤害保险　是指按照建筑法规定,企业为从事危险作业的建筑装饰施工人员支付的意外伤害保险费。

2. 企业管理费

企业管理费是指建筑装饰企业组织施工生产和经营管理所需费用,包括以下七项。

(1) 管理人员的工资　指现场管理人员的基本工资、工资性津贴、流动施工津贴、房租补贴、职工福利费、劳动保护费。

(2) 办公费　指现场管理办公用的工具、纸张、账表、印刷、邮电、书报、会议、水、电、燃煤(气)等费用。

(3) 差旅交通费　指职工因公出差的旅费、住勤费、补助费、市内交通费和误餐补助费,职工探亲路费,劳动力招募,职工离退休一次性路费,工伤人员就医路费,工地转移费,以及现场管理使用的交通工具的油料、燃料费用等。

（4）固定资产使用费　指现场管理及试验部门使用的属于固定资产的设备、仪器等的折旧、大修理、维修和租赁费等。

（5）低值易耗品摊销费　指现场管理使用的不属于固定资产的工具、器具、家具、交通工具、检验、试验、测绘、消防用具等的购置、维修和摊销费。

（6）保险费　指施工管理用财产和车辆保险、高空作业等特殊工种的安全保险等费用。

（7）其他费用。

（三）利润及税金

建筑装饰工程费用中的利润和税金,是建筑装饰企业职工为社会劳动所创造的那部分价值在建筑装饰工程造价中的体现。其中,利润是指施工企业完成所承包工程获得的赢利。税金则是指国家税法规定的应计入建筑装饰工程费用的营业税、城市维护建设税和教育费附加。

二、工程量清单计价模式下的建筑工程费用组成

我国现行计价模式为工程量清单计价模式,在此模式下,建筑工程的费用统一由五部分组成:分部分项工程费用、措施项目清单费用、其他项目费用、规费和税金,如表 3-2 所示。

表 3-2　工程量清单计价模式下,建筑工程费用组成及计算

序号	费用名称		计算公式	备注
一	分部分项工程费用		工程量×综合单价	
	其中	1. 人工费	计价表人工消耗量×人工单价	
		2. 材料费	计价表材料消耗量×材料单价	
		3. 机械费	计价表机械消耗量×机械单价	
		4. 企业管理费	(1+3)×费率	
		5. 利润	(1+3)×费率	
二	措施项目清单费用		分部分项工程费×费率 或综合单价×工程量	
三	其他项目费用			
四	规费			
	其中	1. 工程排污费	(一+二+三)×费率	按规定计取
		2. 建筑安全监督管理费		
		3. 社会保障费		
		4. 住房公积金		
五	税金		(一+二+三+四)×费率	按当地规定计取
六	工程造价		一+二+三+四+五	

（一）工程费用计算规则

以《江苏省建筑与装饰工程计价定额（2014 版）》中江苏省建筑与装饰工程费用计算规则中与装饰工程有关的内容为例，进行说明。

1. 说明

第一，《江苏省建筑与装饰工程费用计算规则》与《江苏省建筑与装饰工程计价定额（2014 版）》配套执行。

第二，为了切实保护人民生产生活的安全，保证安全和文明施工措施落实到位，现场安全文明施工措施费作为不可竞争费用，建设单位不得任意压低费用标准，施工单位不得让利。此项费用的计取由各市工程造价管理部门根据工程实际情况予以核定，并进行监督，未经核定不得计取。

第三，不可竞争费包括：现场安全、文明施工措施费；工程定额测定费；安全生产监督费；建筑管理费；劳动保险费；税金；有权部门批准的其他不可竞争费。以上不可竞争费在编制标底或投标报价时均应按规定计算，不得让利或随意调整计算标准。

第四，措施项目费原则上由编标单位或投标单位根据工程实际情况分别计算。除了不可竞争费必须按规定计算外，其余费用均作为参考标准。

第五，管理费和利润统一以人工费加机械费为计算基础。

第六，包工不包料和点工按本费用计算规则的规定计算。包工不包料适用于只包计价表人工的工程；点工包料适用于在建筑与装饰工程中由于各种因素所造成的损失、清理等不在计价表范围内的用工。包工不包料、点工的临时设施应由建设单位提供。

2. 费用项目划分

建筑与装饰工程造价由分部分项工程费、措施项目费、其他项目费、规费和税金组成。

1）分部分项工程费

分部分项工程费包括人工费、材料费、机械费、管理费和利润。

（1）人工费　指应列入计价表的直接从事建筑与装饰工程施工工人（包括现场内水平、垂直运输等辅助工人）和附属辅助生产单位（非独立经济核算单位）工人的基本工资、工资性津贴、流动施工津贴、房租补贴、职工福利费、劳动保护费。

（2）材料费　指由列入计价表的材料、构件和半成品材料的用量以及周转材料的摊销量乘以相应的预算价格计算的费用。

（3）机械费　指应列入计价表的施工机械台班消耗量按相应的江苏省施工机械台班单价计算的建筑与装饰工程施工机械使用费以及机械安、拆和进（退）场费。

（4）管理费　包括企业管理费，现场管理费，冬雨季施工增加费，生产工具用具使用费，工程定位、复测、点交、场地清理费，远地施工增加费、非甲方所为 4 h 以内的临时停水停电费。

企业管理费指企业管理层为组织施工生产经营活动所发生的管理费用，内容包括：

① 管理人员工资，指管理人员的基本工资、工资性津贴、流动施工津贴、房租补贴、职工福利费、劳动保护费；

② 差旅交通费，指企业职工因公出差、工作调动的差旅费、住勤补助费、市内交通费和误餐补助费，职工探亲路费，劳动力招募费，离退休职工一次性路费，及交通工具油料、燃料费等；

③ 办公费，指企业办公用文具、纸张、账表、印刷、邮电、书报、会议、水、电、燃煤、燃气等费用；

④ 固定资产折旧、修理费，指企业属于固定资产的房屋、设备、仪器等的折旧及维修费用；

⑤ 低值易耗品摊销费，指企业管理使用不属于固定资产的工具、用具、家具、交通工具、检验、试验、消防等

的摊销及维修费用；

⑥ 工会经费及职工教育经费，其中工会经费是指企业按职工工资总额计提的工会经费，职工教育经费是指企业为职工学习先进技术和提高文化水平按职工工资总额计提的费用；

⑦ 职工待业保险费，指按规定标准计提的职工待业保险费用；

⑧ 保险费，指企业财产保险、管理用车辆等保险费用；

⑨ 税金，指企业按规定交纳的房产税、车船使用税、土地使用税、印花税及土地使用费等；

⑩ 其他，包括技术转让费、技术开发费、业务招待费、绿化费、广告费、公证费、法律顾问费、审计费、咨询费、联防费等。

现场管理费指现场管理人员组织工程施工过程中所发生的费用，内容包括：

① 现场管理人员工资，指现场管理人员的基本工资、工资性津贴、流动施工津贴、房租补贴、职工福利费、劳动保护费；

② 办公费，指现场管理办公用的工具、纸张、账表、印刷、邮电、书报、会议、水、电、燃煤（气）等费用；

③ 差旅交通费，指职工因公出差的旅费、住勤费、补助费、市内交通费和误餐补助费，职工探亲路费，劳动力招募，职工离退休一次性路费，工伤人员就医路费，工地转移费，以及现场管理使用的交通工具的泊料、燃料费等；

④ 固定资产使用费，指现场管理及试验部门使用的属于固定资产的设备、仪器等的折旧、大修理、维修和租赁费等；

⑤ 低值易耗品摊销费，指现场管理使用的不属于固定资产的工具、器具、家具、交通工具、检验、试验、测绘、消防用具等的购置、维修和摊销费；

⑥ 保险费，指施工管理用财产和车辆保险、高空作业等特殊工种的安全保险等费用；

⑦ 其他费用。

冬雨季施工增加费指在冬雨季施工期间所增加的费用，包括冬季作业、临时取暖、建筑物门窗洞口封闭及防雨措施、排水、功效降低等费用。

生产工具用具使用费指施工生产所需不属于固定资产的生产工具、检验用具、仪器仪表等的购置、摊销和维修费，以及支付给工人自备工具的补贴费。

工程定位、复测、点交、场地清理费。

远地施工增加费指远离基地施工所发生的管理人员和生产工人的调迁旅费，工人在途工资，中小型施工机具、工具仪器、周转性材料、办公和生活用具等的运杂费。对包工包料工程，不论施工单位基地与工程所在地之间的距离远近，均由施工单位包干使用；包工不包料工程按发承包双方的合同约定计算。

（5）利润指按国家规定应计入建筑与装饰工程造价的利润。

2）措施项目费

（1）环境保护费 指在正常施工条件下，环保部门按规定向施工单位收取的噪声、扬尘、排污等费用。

（2）现场安全文明施工措施费 包括脚手架挂安全网、铺安全竹笆片、洞口五临边及电梯井护栏费用、电气保护安全照明设施费、消防设施及各类标牌摊销费、施工现场环境美化、现场生活卫生设施、施工出入口清洗及污水排放设施、建筑垃圾清理外运等内容。

（3）临时设施费 指施工单位为进行建筑与装饰工程施工所必需的生产和生活用的临时建筑物、构筑物和其他临时设施等费用。临时设施费包括临时设施的搭设、维修、拆除、摊销等费用。

（4）夜间施工增加费 指规范、规程要求正常作业而发生的照明设施、夜班补助和工效降低等费用。

（5）二次搬运费　指因施工场地狭小而发生的二次搬运所需费用。

（6）大型机械设备进出场及安拆费　指机械整体或分体自停放场地转至施工场地，或者由一个施工地点运至另一个施工地点所发生的机械安装、拆卸和进、出场运输转移费用。

（7）混凝土、钢筋混凝土模板及支架费　指模板及支架制作、安装、拆除、维护、运输、周转材料摊销等费用。

（8）脚手架费　指脚手架搭设、加固、拆除、周转材料摊销等费用。

（9）已完工程及设备保护费　指对已施工完成的工程和设备采取保护措施所发生的费用。

（10）施工排水、降水费　指施工过程中发生的排水、降水费用。

（11）垂直运输机械费　指在合理工期内完成单位工程全部项目所需的垂直运输机械台班费用。

（12）室内空气污染测试费　指对室内空气相关参数进行检测发生的人工和检测设备的摊销等费用。

（13）检验试验费　指根据有关国家标准或施工验收规范要求对建筑材料、构配件和建筑物工程质量检测检验发生的费用。除此以外发生的检验试验费，如已有质保书材料，而建设单位或质监部门另行要求检验试验所发生的费用，以及新材料、新工艺、新设备的试验费等应另行向建设单位收取。

（14）赶工措施费　若建设单位对工期有特殊要求，则施工单位必须增加的施工成本费。

（15）工程按质论价　指建设单位要求施工单位完成的单位工程质量达到经有权部门鉴定为优良工程所必需增加的施工成本费。

3）其他项目费

（1）总承包服务费　总承包指对建设工程的勘察、设计、施工、设备采购进行全过程承包的行为，建设项目从立项开始至竣工投产全过程承包的"交钥匙"方式。总分包有以下三项内容：

① 建设单位单独分包的工程，总包单位与分包单位的配合费由建设单位、总包单位和分包单位在合同中明确；

② 总包单位自行分包的工程所需的总包管理费，由总包单位和分包单位自行解决；

③ 安装施工单位与土建施工单位的施工配合费由双方协商确定。

（2）预留金　招标人为可能发生的工程量变更而预留的金额。

（3）零星工作项目费　指完成招标人提出的、工程量暂估的零星工作所需的费用。

4）规费

（1）工程定额测定费　包括预算定额编制管理费和劳动定额测定费。应按江苏省物价局、江苏省财政厅苏价房(1999)13号、苏财综(1999)5号《关于工程定额编制管理费、劳动定额测定费合并为工程（劳动）定额测定费的通知》等文件的规定收取工程定额测定费。该费用列入工程造价，由施工单位代收代缴，上交工程所在地的定额或工程造价管理部门。

（2）安全生产监督费　指有权部门批准的由施工安全生产监督部门收取的安全生产监督费。

（3）建筑管理费　指建筑管理部门按照经有权部门批准的收费办法和标准向施工单位收取的建筑管理费。

（4）劳动保险费　指施工单位支付离退休职工的退休金、价格补贴、医药费、职工退职金及六个月以上的病假人员工资、职工死亡丧葬补助费、抚恤费，按规定支付给离、退休干部的各项经费，以及在职职工的养老保险费用等。

5）税金　税金是指国家税法规定的应计入建筑与装饰工程造价内的营业税、城市维护建设税及教育费附加。

3. 费用计算规则及计算标准

根据《省住房和城乡建设厅关于对建设工程人工工资单价实行动态管理的通知》(苏建价〔2012〕633号文)，

江苏省建设工程人工工资指导价如表 3-3 所示。

表 3-3　江苏省建设工程人工工资指导价　　　　　　　　　　　　单位:元/工日

序号	地区	工种		建筑工程	装饰工程	安装、市政工程	机械台班
1	苏州市	包工包料工程	一类工	81	81-104	72	77
			二类工	77		69	
			三类工	72		64	
		包工不包料工程		101	104-127	91	
		点工		84	89	75	
2	南京市 无锡市 常州市	包工包料工程	一类工	79	79-102	71	76
			二类工	76		68	
			三类工	71		63	
		包工不包料工程		99	102-124	89	
		点工		82	87	73	
3	扬州市 泰州市 南通市 镇江市	包工包料工程	一类工	78	78-101	71	75
			二类工	75		67	
			三类工	71		63	
		包工不包料工程		99	101-123	88	
		点工		82	86	73	
4	徐州市 连云港市 淮安市 盐城市 宿迁市	包工包料工程	一类工	78	78-100	70	74
			二类工	74		67	
			三类工	70		62	
		包工不包料工程		98	100-122	88	
		点工		81	85	72	

1) 建筑工程管理费和利润计算标准

建筑工程计价表中的管理费是以三类工程的标准列入子目,其计算基础为人工费加机械费。利润不分工程类别,都按表 3-4 所示规定计算。

表 3-4　建筑工程管理费、利润费率标准表

工程名称	计算基础	管理费费率/(%)			利润费率/(%)
		一类工程	二类工程	三类工程	
建筑工程	人工费＋机械费	35	30	25	12

2) 单独装饰工程管理费、利润取费标准

装饰工程的管理费按装饰施工企业的资质等级划分计取,其计算基础为人工费加机械费。利润不分企业资质等级,都按表 3-5 所示规定计算。

表 3-5 单独装饰工程管理费、利润费率标准表

工程名称	计算基础	管理费费率/(%)			利润费率/(%)
		一类工程	二类工程	三类工程	
单独装饰工程	人工费＋机械费	56	48	40	12

3）措施项目费计算标准

（1）环境保护费　按环保部门的有关规定计算,由双方在合同中约定。

（2）现场安全文明施工措施费　建筑工程按分部分项工程费的 1.5％～3.5％计算;单独装饰工程按分部分项工程费的 0.5％～1.5％计算。该费用作为不可竞争费,具体由各市工程造价管理部门根据工程实际情况予以核定后方可计取。

（3）临时设施费　建筑工程按分部分项工程费的 1％～2％计算;单独装饰工程按分部分项工程费的 0.3％～1.2％计算,由施工单位根据工程实际情况报价,发承包双方在合同中约定。

（4）夜间施工增加费　根据工程实际情况,由发承包双方在合同中约定。

（5）二次搬运费　按《江苏省建筑与装饰工程计价定额（2014 版）》中第二十四章计算。

（6）大型机械设备进出场及安拆费　按《江苏省建筑与装饰工程计价定额（2014 版）》中附录二计算。

（7）室内空气污染测试费　根据工程实际情况,由发承包双方在合同中约定。

（8）脚手架费　按《江苏省建筑与装饰工程计价定额（2014 版）》中第二十章计算。

（9）已完工程及设备保护费　根据工程实际情况,由发承包双方在合同中约定。

（10）施工排水、降水费　按《江苏省建筑与装饰工程计价定额（2014 版）》中第二十二章计算。

（11）垂直运输机械费　按《江苏省建筑与装饰工程计价定额（2014 版）》中第二十三章计算。

（12）检验试验费　根据有关国家标准或施工验收规范要求对建筑材料、构配件和建筑物工程质量检测检验发生的费用按分部分项工程费的 0.4％计算。除此以外发生的检验试验费,如已有质保书的材料,而建设单位或质监部门另行要求检验试验所发生的费用,以及新材料、新工艺、新设备的试验费等应另行向建设单位收取,由施工单位根据工程实际情况报价,发承包双方在合同中约定。

4）其他项目费

（1）总承包服务费　根据总承包的范围、深度按工程总造价的 2％～3％向建设单位收取。

（2）预留金　由招标人预留。

（3）零星工作项目费　工程量暂估的零星工作所需的费用。

（4）规费　应按照有关文件的规定计取,作为不可竞争费用,不得让利,也不得任意调整计算标准。根据江苏省物价局、江苏省财政厅苏价房(1999)13 号、苏财综(1999)5 号《关于工程定额编制管理费、劳动定额测定费合并为工程（劳动）定额测定费的通知》等文件的规定,工程定额测定费应按工程不含税造价的 1‰收取。安全生产监督费应按各市的规定执行,以不含税工程造价为计算基础。建筑管理费应按江苏省物价局、江苏省财政厅苏价房(2003)101 号、苏财综(2003)32 号《关于统一规范建筑管理费的通知》的规定执行。实行建筑行业劳保统筹的市(县),其劳动保险费计算标准须由各市进行测算,并报省建设厅批准后执行;包工不包料、点工的劳动保险费已包含在人工工日单价中。

5）税金

税金按各市规定的税率计算,计算基础为不含税工程造价。

4. 工程造价计算程序（包工不包料）

工程造价计算程序如表 3-6 所示。

表 3-6　工程造价计算程序

序号	费用名称		计算公式	备注
一	分部分项人工费		计价表人工消耗量×人工单价	
二	措施项目清单费用		（一）×费率或工程量×综合单价	
三	其他项目费用			
四	规费		（1＋2＋3＋4）	
	其中	1. 工程排污费		按规定计取
		2. 建筑安全监督管理费	（一＋二＋三）×费率	
		3. 社会保障费		
		4. 住房公积金		
五	税金		（一＋二＋三＋四）×费率	按当地规定计取
六	工程造价		一＋二＋三＋四＋五	

（二）分部工程及其说明的内容

分部分项工程综合单价是指完成一个规定计量单位的分部分项工程所需的人工费、材料费、机械费、管理费和利润，并考虑相应的风险及不可见因素的各项费用之和。分部工程说明的内容包括：

① 分部工程所包括的定额项目内容和子目数量；

② 分部工程各定额项目工程量计算规则；

③ 分部工程定额内综合内容及允许换算界限；

④ 使用本分部工程定额允许增减系数范围的规定。

单元二

建筑装饰工程计价方法 ◀◀◀

建筑装饰工程计价方法分有定额计价法、工程量清单计价法和市场协商报价法三种。其中，工程量清单计价法是目前我国建筑行业通用的计价方法。

一、定额计价法

定额计价法也称传统计价法，是指以工程项目的设计施工图纸、计价定额（概、预算定额）、费用定额、施工组织设计或施工方案等文件资料为依据计算和确定工程造价的一种计价模式。

在我国实行计划经济的几十年里,建设单位和装饰企业按照国家的规定,都采用这种定额计价模式计算拟建工程项目的工程造价,并将其作为结算工程价款的主要依据。

在定额计价模式中,国家和政府作为运行的主体,以法定的形式进行工程价格构成的管理,而与价格行为密切相关的建筑装饰市场主体——发包人和承包人却没有决策权与定价权,其主体资格形同虚设,影响了发包人投资的积极性,抹杀了承包人生产经营的主动性。

二、工程量清单计价法

改革开放以后,随着社会主义市场经济体制的建立和逐步完善,由政府定价的定额计价模式已不能适应我国建筑装饰市场的发展,更不能满足与国际接轨的需要,工程量清单计价模式随着工程造价管理体系改革的深化应运而生,建筑产品的价格逐渐由国家指导价过渡到国家调控价。

(一)工程量清单计价的特点

1. 强制性

工程量清单计价是由建设主管部门按照国家标准强制性的要求颁布的,规定全国使用国有资金或以国有资产投资为主的大中型建设工程应按计价规范规定执行;同时明确了工程量清单是建设工程招标文件的组成部分,并规定了招标人在编制工程量清单时必须遵守的规则:统一项目编码、统一项目名称、统一计量单位、统一工程量计算规则。

2. 简化与实用性

在工程量清单项目及计算规则的项目名称上表现的是工程实体项目,项目名称明确清晰,计算规则简洁明了,还列有项目特征和工程内容,便于编制工程量清单时确定具体项目名称和投标报价。同时,由于统一提供了工程量清单,简化了投标报价的计算过程,减少了重复劳动。

3. 通用性

我国经济日益融入全球市场,我国相关企业海外投资和经营的项目也在增加,工程量清单计价可以与国际惯例接轨,有利于国内企业参与国际竞争的能力,也有利于提高工程建设的管理水平。

(二)工程量清单计价的作用

1. 给企业提供一个平等竞争的平台

采用施工图预算进行投标报价,由于设计图纸的缺陷,不同施工企业的人员理解不一,计算出的工程量也不同,报价就更相去甚远,也容易产生纠纷。而工程量清单报价为投标者提供了一个平等竞争的条件,相同的工程量,由企业根据自身的实力填不同的单价。投标人的这种自主报价,使得企业的优势体现到投标报价中,可在一定程度上规范建筑市场秩序,确保工程质量。

2. 满足市场经济条件下竞争的需要

招标投标过程就是竞争的过程,招标人提供工程量清单,投标人根据自身情况确定综合单价,利用综合单价和工程量逐项计算每个项目的合价,再分别填入工程量清单表内,计算出投标总价。单价成了决定性因素,定高了不能中标,定低了又要承担过大风险。单价的高低直接决定于企业管理水平和技术水平的高低。这种局面促成了企业整体实力的竞争,有利于我国建设市场的快速发展。

3. 有利于提高工程计价效率,能真正实现快速报价

采用工程量清单计价模式,避免了传统计价方式下招标人与投标人在工程量计算上的重复工作,而是以招标人提供的工程量清单为统一平台,结合自身的管理水平与施工方案进行报价,促进了各投标人企业定额的完善和工程造价信息的积累和整理,体现了现代工程建设中快速报价的要求。

4. 有利于工程款的拨付和工程造价的最终结算

中标后,业主要与中标单位签订施工合同,中标价就是确定合同价的基础,投标清单上的单价就成了拨付工程款的依据。业主根据施工企业完成的工程量,很容易确定进度款的拨付额。工程竣工后,业主也很容易确定工程的最终造价,有效减少业主与施工单位间的纠纷。

5. 有利于业主对投资的控制

采用传统报价方式,业主对施工过程中因设计、工程量变更引起工程造价的变化不敏感,往往等到竣工结算时,才知道这些变更对工程造价的影响有多大,但此时常常是为时已晚。而采用工程量清单报价的方式则可对投资变化一目了然,业主就能根据投资情况决定是否变更或进行方案比较,以决定最恰当的处理方法。

除上述以外,在现阶段,工程量清单计价还有利于"逐步建立以市场形成价格为主的价格机制"工程造价体制改革的目标,有利于将工程的"质"与"量"紧密结合起来,既有利于业主获得最合理的工程造价,也有利于中标企业精心组织施工,控制成本,充分体现本企业的管理优势。

（三）定额计价方法与工程量清单计价方法的联系与区别

工程造价的计价就是按照规定的计算程序和方法,用货币的数量表示建设项目的价值。无论是定额计价方法还是工程量清单计价方法,它们的计价都是一种从下而上的分部组合计价方法,其原理都是将工程项目细分至最基本的构成单位——分项工程,用其工程量与相应单位相乘后汇总,即为整个工程的造价。但是,工程量清单计价方法与定额计价方法相比有一些重大区别,如下所述。

1. 两种模式体现了我国建设市场发展过程的不同阶段

我国建筑产品价格市场化经历了"国家定价—国家指导价—国家调控价"三个阶段。在工程定额计价模式下,工程价格或直接由国家决定,或是由国家给出一定的指导性标准,承包商可以在该标准的允许幅度内实现有限竞争。工程量清单计价模式则是在国家和有关部门的间接调控和监督下,由工程承包发包双方根据工程市场中建筑产品供求关系变化自主确定工程价格。

2. 两种模式的主要计价依据及其性质不同

工程定额计价模式的主要依据是国家、省、有关专业部门制定的各种定额,其性质为指导性,定额的项目划分一般按施工工序分项,每个分项工程所含的工程内容一般是单一的。工程量清单计价模式的主要依据是"清单计价规范",其性质是含有强制性条文的国家标准,清单的项目划分一般是按"综合实体"进行分项的,每个分项工程一般包含多项工程内容。

3. 编制工程量的主体不同

工程定额计价模式下,工程量由招标人和投标人分别按图计算。清单计价方法中,工程量由招标人统一计算或委托有关工程造价咨询资质单位统一计算。

4. 单价与报价的组成不同

定额计价法是基本完全依赖传统的量价合一预算定额计算的,单价包括人工费、材料费和施工机械使用费。清单计价法采用量价分离的制度,综合单价由投标人自己填报,包括人工费、材料费、施工机械使用费、管理费、利润,并考虑风险因素,且综合单价的人工费、材料费和机械费计算依据定额消耗量和市场单价,能够确

保正确指导承发包双方计算工程造价。

5. 适用阶段不同

工程定额主要用于项目建设前期各阶段对于投资的预测与估算,在工程建设交易阶段,工程定额通常只能作为建设产品价格形成的辅助依据。工程量清单计价主要适用于合同价格形成以及后续的合同价格管理阶段,且根据相关规定,最后确定工程价格应遵循两个基本原则:一是合理低价中标,二是不能低于成本价。

6. 合同价格的调整方式不同

工程定额计价模式的调整方式有:变更签证、定额解释和政策性调整。而工程量清单计价方法在一般情况下单价是相对固定的,减少了合同实施过程中调整的可能性,保证了其稳定性,也便于业主进行资金准备和筹划。

此外,定额计价未区分施工实体性损耗和施工措施性损耗,而工程量清单计价把施工措施与工程实体项目进行分离,这项改革的意义在于突出了施工措施费的市场竞争性。

三、市场协商报价法

市场协商报价法主要针对个体住宅装饰工程。

1. 住宅装饰工程及其特点

由于住宅装饰工程项目内容多且工程量少,造价构成复杂而总造价较少。如果采用上述两种方法进行造价计算,则需要有一定专业知识的人才能看懂和操作,但是家装工程面对的客户一般为个体,为了保证每个客户拿到预算文件都能清楚地了解自己要做的项目和单价情况,一般来讲,家装工程的报价体系基本上是由直接人工费、材料费、管理费、设计费和税金组成。

住宅是一种以家庭为对象的人为生活环境,它既是家庭的标志,也是社会文明的体现。人们既希望每天住的地方舒适、整洁、美观,又要有自己的个性和特点,所以家装设计也越来越精致,越来越个性化,反映在造价方面的差距也越来越大。整体而言,家装工程受住宅户型的限制。我国目前的住宅户型主要有三类:平面户型(包括错层)、复式楼和别墅。

平面户型一般为一室一厅、两室一厅、两室两厅、三室两厅和四室两厅。这类住宅一般是大众的选择,在装饰上大部分以实用为主,单方造价相差不大。

复式楼分上下两层,功能分区比较明显。这部分客户对生活质量要求较高,对住房的要求除了实用和舒适外,还需要体现自己的品位与格调。装饰工程造价相对较高,造价差距主要反映在装饰材料上。

别墅分独立式和联体式两种,是造价最高、最需要经济实力的住宅户型。其客户群除了有对住宅舒适性和个性化的要求外,大多数还要求彰显自己的地位和身份。此类装饰工程造价最高,造价差距不只反映在装饰材料上,还反映在人工费方面。

2. 住宅装饰工程计价原则及其方法

大部分家装工程虽然不需要通过招投标来确定设计与施工单位,但是,家装工程预算也要遵循《建设工程工程量清单计价规范》和相关的法律法规。这也是市场经济的必然,要求实际操作必须遵循客观、公正、公平的原则,即要求家装工程预算与计价编制要实事求是,不弄虚作假,家装工程预算与计价活动要有高度透明度;公平对待所有业主,施工企业要从本企业的实际情况出发,不能低于成本报价,也不能虚高报价,双方要本着诚实守信的原则合作。

目前市场上家装工程的报价,普遍应用的两种方法是综合报价法和工料分析报价法。综合报价以实际消耗的人工费、材料费、施工机械使用费和管理费进行综合报价。工料分析报价是把施工过程中所需要的材料分门别类地列出来,并对完成某一项目所需的人工费、施工机械费等进行综合分析,形成具有人工、材料(含材料损耗率)诸因素的工料分析预算报价方法。

　　在装饰工程的实际操作中，装饰公司的承包方式较为灵活，方式不一，有全包的，即包工包料；也有部分包工包料，如板材、油漆、瓷砖等主料由业主提供，其他辅料由施工单位承包。这些在预算编制中都要给予相应的考虑。

　　市场协商报价的报价表主要明确工程费用的组成内容和随工程所收取相关费用(如设计费、管理费和税金等)。为了便于业主一目了然，工程项目不以分部分项划分，而是以房间划分，且尽量明确所用材料的品牌及型号，具体格式如表 3-7 所示。

表 3-7　××装饰工程报价单

公司名称：××装饰工程有限责任公司　　　工程项目：××家装工程　　　编制人：×××　　　日期：2016-04-27

项次	分部分项工程名称	主材及辅料的规格、型号、品牌、等级	单位	数量	主材及辅料/元		人工费/元		备注
					单价	金额	单价	金额	
一	土建改造工程								
1	拆除5寸砖墙	人工费	m²	3.7	0		39	144.3	
2	砌1/2砖墙	八五砖、人工、黄沙、水泥	m²	3.16	50	158	31	97.96	
3	门窗樘修粉刷边	八五砖、人工、黄沙、水泥	m	7.62	15.5	118.11	8	60.96	
4	混凝土找平(5 cm以下)	人工、黄沙、水泥	m²	17.62	18	317.16	10	176.2	
5	砌封下水立管	人工、八五砖、黄沙、水泥	根	2	49	98	25	50	
6	水管电线槽填补(100 m²以内)	人工、黄沙、水泥	套	1	73	73	38	38	
	小　计					764.27		567.42	
二	水路改造及增设工程								
1	PVC2寸下水管	公元PVC管、配件、胶水、人工	m	2	18.6	37.2	3.6	7.2	
2	PVC1.5寸下水管	公元PVC管、配件、胶水、人工	m	2	13	26	2.2	4.4	
3	PVC3寸下水管	公元PVC管、配件、胶水、人工	m		21.5		4		
4	PVC4寸下水管	公元PVC管、配件、胶水、人工	m		26.2		4.2		
5	地漏及安装	普通不锈钢9 cm×9 cm、人工、铺材	只	3	17	51	2.1	6.3	
6	冷水管排设	宏基PPR水管	m	29	12.9	374.1	8.1	234.9	
7	热水管排设	宏基PPR水管	m	16	19.5	312	9.5	152	
8	直接头	宏基PPR水管、25型号	只	12	2.9	34.8	2	24	
9	正三通	宏基PPR水管、25型号	只	7	6.1	42.7	2	14	
10	90度弯头	宏基PPR水管、25型号	只	22	5.5	121	2	44	
11	内丝弯头	25×1/2	只	7	18.5	129.5	2	14	
12	外丝弯头	25×1/2	只	7	23.6	165.2	2	14	
13	内丝直接	25×1/2	只	7	18	126	2	14	
14	内丝三通	25×1/2×20	只	7	22.5	157.5	2	14	
15	曲形桥管	25型号	只	3	10.3	30.9	2	6	
16	角伐		只	8	38	304	3	24	
17	软管		根	9	27.6	248.4	3	27	
18	拖把池、洗衣机龙头	永德信龙头、生料带、装饰圈、人工	只	1	35	35	6.5	6.5	
19	铜快开阀及煤气阀	4~6分铜快开阀、生料带、人工	只	1	28	28	3	3	
20	浴缸安装费(带裙边另加20元)	八五砖、人工、黄沙、水泥	只	1			63.2	63.2	
21	坐便器安装费	人工、辅材	只	1	3.1	3.1	33.5	33.5	

续表

项次	分部分项工程名称	主材及辅料的规格、型号、品牌、等级	单位	数量	主材及辅料/元		人工费/元		备注
					单价	金额	单价	金额	
22	台盆安装费	人工、辅材	只	1	6.2	6.2	22.4	22.4	
23	洗槽安装费	人工、辅材	只	1	6.2	6.2	22.5	22.5	
24	淋浴房安装费	人工、辅材	只	0			63.3		
25	坐便器密封圈安装费(苏州(合资)有田牌)	人工、辅材	只	1	19.3	19.3			
26	移位器安装费(苏州伟达牌)	人工、辅材	只	0	30.5				
27	玻璃镜安装	人工、辅材	面	1	11.1	11.1	18	18	
28	砖墙机械钻孔(6 cm~8 cm)		个	3	38	114			
29	煤气管排设		m	4	17.5	70	10.8	43.2	
30	煤气管铜接件及配件		只	0	14.8		3		
31	浴霸、换气扇、油烟机、热水器管子		m	0	13.2		3		
	小　计	(暂估、按实量算)				2 453.2		812.1	
三	电线路改造及增设								
1	移位开关管线铺设(1 m内减半)	昆山交通 1.5 mm² 铜芯线、厚壁阻燃PVC 管(桥牌)	只		31.5	0	4	0	
2	移位灯头管线铺设(1 m内减半)	昆山交通 1.5 mm² 铜芯线、厚壁阻燃PVC 管(桥牌)	路		31.5	0	4	0	
3	新增灯头管线铺设	昆山交通 1.5 mm² 铜芯线、厚壁阻燃PVC 管(桥牌)	路		37.6	0	5	0	
4	新增开关管线铺设	昆山交通 1.5 mm² 铜芯线、厚壁阻燃PVC 管(桥牌)	只		37.6	0	5	0	
5	移位插座管线铺设(1 m内减半)(含束节、拧紧)	昆山交通 2.5 mm² 铜芯线、厚壁阻燃PVC 管(桥牌)	只		54	0	4	0	
6	新增插座管线铺设	昆山交通 2.5 mm² 铜芯线、厚壁阻燃PVC 管(桥牌)	m		13.2	0	3	0	
	新增插座暗盒\束节\拧紧	人工、辅材	只		5	0	2.8	0	
7	筒灯、射灯管线铺设(灯不含)	昆山交通 1.5 mm² 护套线、厚壁阻燃PVC 管(桥牌)	只		53.6	0	3.5	0	
8	电话管线铺设(含束节、胶水、凿槽)	昆山交通 0.5 mm² 电话专用线、厚壁阻燃PVC 管(桥牌)	m		8.88	0	2.2	0	
9	电视线铺设(含束节、胶水、凿槽)	昆山交通电视专用线、厚壁阻燃PVC 管(桥牌)	m		10.9	0	2.2	0	
10	音响线铺设(含束节、胶水、凿槽)	200 芯音响专用线、厚壁阻燃PVC 管(桥牌)	m		15.8	0	2.2	0	

项次	分部分项工程名称	主材及辅料的规格、型号、品牌、等级	单位	数量	主材及辅料/元		人工费/元		备注
					单价	金额	单价	金额	
11	空调专用线铺设（含束节、胶水、凿槽）	昆山交通 2.5 mm² 铜芯线、厚壁阻燃 PVC 管（桥牌）	m		13.7	0	3	0	
12	空调专用线铺设（含束节、胶水、凿槽）	昆山交通 4 mm² 铜芯线、厚壁阻燃 PVC 管（桥牌）	m		15.4	0	3.2	0	
13	空调专用线铺设（含束节、胶水、凿槽）	昆山交通 6 mm² 铜芯线、厚壁阻燃 PVC 管（桥牌）	m		27.1	0	3.3	0	
14	电脑网络线铺设（含束节、胶水、凿槽）	澳普牌电脑 8 芯专用线、厚壁阻燃 PVC 管	m		12.1	0	2.2	0	
15	电视分配器（含凿槽）	有线台专供电视分配器、视频专用暗盒、盖板	只		68.4	0	6	0	
16	筒灯、冷光灯、射灯安装费	人工、辅材	只		0		6	0	
17	吊灯安装费	人工、辅材	只		13.2	0	27	0	
18	吸顶灯安装费	人工、辅材	只		0		9.8	0	
19	镜前灯、画前灯安装费	人工、辅材	只		0		9.8	0	
20	换气扇安装费	人工、辅材	只		0		9.8	0	
21	浴霸、暖风机安装费	人工、辅材	只		0		27.3	0	
22	开关、插座面板安装费	人工、辅材	只		0		1.8	0	
23	20 回路普空箱	上海申泰	套		99	0	93.5	0	
24	15 回路普空箱	上海申泰	套		73	0	82.4	0	
25	10 回路普空箱	上海申泰	套		57	0	72	0	
26	6 回路普空箱	上海申泰	套		39.9	0	62.5	0	
27	63A2P 总开关	上海申泰	只		39.5	0	4	0	
28	漏电断路器	上海申泰	只		37.4	0	4	0	
29	10-32A1P	上海申泰	只		13.3	0	3.6	0	
	小　　计	（暂估，按实量结算）				2 426		1 407	
四	厨房工程								
1	墙面砖（损耗以 6% 计算）	百特陶瓷	m²	12.99	70	909.3			
2	无缝砖墙砖铺贴人工（300 mm×450 mm）	326 等级水泥、黄沙、白水泥、人工	m²	12.25	16	196	24	294	
3	PVC 塑料扣板吊顶基层	人工、辅材	m²	7.84	16	125.44	14	109.76	
4	扣板	华泰	m²	7.84	51	399.84			
5	角线	华泰	m	11.2	10	112			
6	吊柜橱安置（高为 60～70 cm）	基层现场做，门板定制成品门板（含安装油烟机）	m	5.1	330	1 683	85	433.5	

| 项次 | 分部分项工程名称 | 主材及辅料的规格、型号、品牌、等级 | 单位 | 数量 | 主材及辅料/元 | | 人工费/元 | | 备注 |
					单价	金额	单价	金额	
7	下柜橱安置(高为80 cm)	基层现场做,门板定制成品门板	m	5.4	432	2 332.8	127	685.8	
8	人造石头台面板	人造石	m	5.4	535	2 889			
	小　计					8 647.38		1 523.1	
五	卫生间								
1	卫生间墙面砖(损耗以6%计算)	百特陶瓷	m²	18.88	70	1 321.6			
2	卫生间无缝砖铺贴(300 mm×450 mm)	325等级水泥、黄沙、白水泥缝、人工	m²	17.82	16	285.12	23	409.86	
3	卫生间地砖(损耗以5%计算)	百特陶瓷	m²	4.67	70	326.9			
4	卫生间地砖铺贴	325等级水泥、黄沙、白水泥缝、人工	m²	4.45	16	71.2	18	80.1	
5	PVC塑料扣板吊顶	人工、辅材	m²	4.45	21	93.45	18	80.1	
6	扣板	华泰	m²	4.45	51	226.95			
7	角线	华泰	m	8.44	10.5	88.62	58.5	493.74	
8	台盆面板开洞(台下盆)	根据石材定价	个	1			58	58	
9	人造石台面板	水晶石人造石	m	1.48	535	791.8			
10	台盆下做橱	基层现场做、定制烤漆门板	m	1.48	433	640.84	127	187.96	
11	同质车边镜及安装费	镜子、五金、双面胶、人工	m²	1.78	120	213.6	33	58.74	
12	淋浴隔断(钢化玻璃,钛合金边框、含安装)	乐嘉牌	m²	4.04	280	1 131.2			
	小　计					5 191.28		1 368.5	
六	客、餐、卧、阳台								
1	叠级顶(不含面层涂料)(按展开面积计算)	白松木龙骨、杰科纸面石膏板、五金、人工	m²	17	49	833	20	340	
2	墙顶面涂料(批涂人工材料费另加4元)	上海立邦美得丽、三批二面及辅材	m²	225	14	3 150	10	2 250	
3	地板档铺设(中心间距30 cm)	4.2 mm×2.8 mm落叶松地板档、五金、人工	m²	30.71	16.6	509.786	12	368.52	
4	漆板铺设	五金、人工	m²	30.71	6	184.26	17	522.07	
5	实木地板(5%损耗)	居安宝地板	m²	32.25	198	6 385.5			
6	踢脚线(维德产9厘板底每米材料增加3.5元)	维德面板、9厘板底、五金、人工、油漆	m	47.38	14	663.32	6	284.28	
7	地面地砖铺贴	600 mm×600 mm规格、黄沙、325等级水泥、人工	m²	47.16	26.1	1 230.876	20	943.2	
8	地砖(损耗以5%计算)	百特陶瓷	m²	49.52	75	3 714			
9	阳台墙地砖铺贴	黄沙、325等级水泥、人工	m²	12.98	16	207.68	23	298.54	
10	阳台墙地砖(损耗以5%计算)	百特陶瓷	m²	13.63	41	558.83	20	272.6	
11	主卧墙面镜及安装费	镜子、五金、双面胶、人工	m²	9.84	119	1 170.96	33	324.72	
	小　计					18 608.21		5 603.9	

项次	分部分项工程名称	主材及辅料的规格、型号、品牌、等级	单位	数量	主材及辅料/元		人工费/元		备注
					单价	金额	单价	金额	
七	门、门窗套封设及家具								
1	单门套封设（以正反面外包丈量）（维德产9厘板底每米材料增加3元）	正面 6 mm×1.4 mm、反面 5 mm×1.2 mm 白木实木方板线	m	49.63	31	1 538.53	15	744.45	
2	凹凸门（价格按图片）	配套厂制作、白胚不安装、不含油漆、五金及安装	扇	2	302	604			
3	玻璃门（价格按图片）	配套厂制作、白胚不安装、不含油漆、五金及安装	扇	1	327	327			
4	单门安装费	油漆材料、人工、安装人工、合页、门吸	扇	2	121	242	41	82	
5	玻璃单门安装费	油漆人工、安装人工、合页、门吸	扇	1	102	102	41	41	
6	舞蹈室吊柜（800 mm×400 mm 以内）以正面宽度丈量（内衬细木工板用维德产每米材料费增加50元）	维德产柚木面、柳安线、内衬细木工板、五金、胶水、人工	m	3.8	338	1 284.4	99	376.2	
7	酒柜（高 200 mm 以内、深度 40 mm 以内）以正面高×宽丈量	维德产柚木面、内衬细木工板、五金、胶水、人工	m	1.2	810	972	182	218.4	
	小 计					5 069.93		1 462.1	
八	楼梯及综合类								
1	大理石窗台板（15 cm 以上）	325 水泥、人工	m	1.7	4	6.8	17	28.9	
2	大理石窗台板磨边	双边	m	1.7		0	28	47.6	
3	天然大理石	金线米黄	m²	1.43	370	529.1	46	65.78	
4	JS树脂防水层	北京东海牌	m²	6.73	37	249.01	6	40.38	
	小 计					784.91		182.66	
	材 料 及 人 工 合 计					43 945.18		12 927	

直接工程费			56 871.90
设计费	5.00%		2 843.60
垃圾清运费	2.00%		1 137.44
施工管理费	5.00%		2 843.60
税金	3.44%		1 956.39
总计			65 652.92

1.所用材料品牌见材料清单，如客户有要求，以客户选定的品牌、规格、型号为准，价格如有变化，另行调整。

2.合同执行以文字承诺为准，任何口头承诺不足为依据。（合同签订后，若减项超过 5%，则不打折。）

3.所有工程量按实计算单价不变，水电改造按实际改造的延长米计算，结算出总价后不打折。

4.施工期间水电费由客户承担。

5.此报价单解释权为××装饰工程有限公司。

建筑装饰工程量清单计价 ◄◄◄◄

　　建筑装饰工程量清单是招标文件的一部分,计价应采用统一格式,此格式应随招标文件发至投标人。投标人按此表格填好之后作为投标书的一部分,在规定的时间内报送给招标机构。

　　建筑装饰工程量清单应满足《建设工程工程量清单计价规范》的规定,其编制内容与编制格式应全面、科学,比如《江苏省 2008 清单计价规范》(以下简称江苏省 08 规范)自 2009 年 4 月 1 日开始执行,与《江苏省建设工程费用定额》(2009 年)一起配套使用。规范要求清单及相关文件须按下列统一的表格形式按顺序进行编制(说明:下列表格实际中均为 A4 纸张)。

一、工程量清单计价表格

(一)计价表格组成

1. 封面

① 工程量清单(封 1),如图 3-1 所示;

② 招标控制价(封 2),如图 3-2 所示;

③ 投标总价(封 3),如图 3-3 所示;

④ 竣工结算总价(封 4),如图 3-4 所示。

2. 总说明

总说明如表 3-7 所示。

3. 汇总表

① 工程项目招标控制价/投标报价汇总表(见表 3-8);

② 单项工程招标控制价/投标报价汇总表(见表 3-9);

③ 单位工程招标控制价/投标报价汇总表(见表 3-10);

④ 工程项目竣工结算汇总表(见表 3-11);

⑤ 单项工程竣工结算汇总表(见表 3-12);

⑥ 单位工程竣工结算汇总表(见表 3-13)。

4. 分部分项工程量清单表

① 分部分项工程量清单与计价表(见表 3-14);

② 分部分项工程量清单综合单价分析表(见表 3-15)。

5. 措施项目清单表

① 措施项目清单与计价表一（见表 3-16）；

② 措施项目清单与计价表二（见表 3-17）；

③ 措施项目清单综合单价分析表（增加）（见表 3-18）。

6. 其他项目清单表

① 其他项目清单与计价汇总表（见表 3-19）；

② 暂列金额明细表（见表 3-20）；

③ 材料暂估价格表（调整）（见表 3-21）；

④ 专业工程暂估价表（见表 3-22）；

⑤ 计日工表（见表 3-23）；

⑥ 总承包服务费计价表（见表 3-24）；

⑦ 索赔与现场签证计价汇总表（见表 3-25）；

⑧ 费用索赔申请（核准）表（见表 3-26）；

⑨ 现场签证表（见表 3-27）。

7. 规范、税金项目清单与计价表

规范、税金项目清单与计价表如表 3-28 所示。

8. 工程款支付申请（核准）表

工程款支付申请（核准）表如表 3-29 所示。

9. 材料一览表

① 发包人供应材料一览表（增加）（见表 3-30）；

② 承包人供应主要材料一览表（增加）（见表 3-31）。

_____工程

工程量清单

工 程 造 价

招 标 人：_____   咨 询 人：_____
（单位盖章）   （单位资质专用章）

法定代表人   法定代表人
或其授权人：_____   或其授权人：_____
（签字或盖章）   （签字或盖章）

编 制 人：_____   复 核 人：_____
（造价人员签字盖专用章）   （造价工程师签字盖专用章）

编制时间： 年 月 日   复核时间： 年 月 日

图 3-1　封 1

_____工程

招标控制价

招标控制价(小写):_____

(大写):_____

工 程 造 价

招 标 人:_____ 咨 询 人:_____
(单位盖章) (单位资质专用章)

法定代表人 法定代表人
或其授权人:_____ 或其授权人:_____
(签字或盖章) (签字或盖章)

编 制 人:_____ 复 核 人:_____
(造价人员签字盖专用章) (造价工程师签字盖专用章)

编制时间: 年 月 日 复核时间: 年 月 日

图 3-2 封 2

投 标 总 价

招 标 人:_____

工 程 名 称:_____

投标总价(小写):_____

(大写):_____

投 标 人:_____
(单位盖章)

法定代表人
或其授权人:_____
(签字或盖章)

编 制 人:_____
(造价人员签字盖专用章)

编制时间: 年 月 日

图 3-3 封 3

_____工程

竣工结算总价

中标价(小写)：_____ (大写)：_____

结算价(小写)：_____ (大写)：_____

工程造价

发 包 人：_____ 承 包 人：_____ 咨 询 人：_____

（单位盖章） （单位盖章） （单位资质专用章）

法定代表人 法定代表人 法定代表人

或其授权人：_____ 或其授权人：_____ 或其授权人：_____

（签字或盖章） （签字或盖章） （签字或盖章）

编 制 人：_____ 核 对 人：_____

（造价人员签字盖专用章） （造价工程师签字盖专用章）

编制时间： 年 月 日 核对时间： 年 月 日

图 3-4 封 4

表 3-7 总说明

工程名称： 第 页 共 页

表 3-8 工程项目招标控制价/投标报价汇总表

工程名称： 第 页 共 页

序号	单项工程名称	金额/元	其 中		
			暂估价/元	安全文明施工费/元	规费/元
合 计					

注:本表适用于工程项目招标控制价或投标报价的汇总。

表 3-9 单项工程招标控制价/投标报价汇总表

工程名称： 第 页 共 页

序号	单位工程名称	金额/元	其 中		
			暂估价/元	安全文明施工费/元	规费/元
合 计					

注：本表适用于单项工程招标控制价或投标报价的汇总；暂估价包括分部分项工程中的暂估价和专业工程暂估价。

表 3-10 单位工程招标控制价/投标报价汇总表

工程名称： 标段： 第 页 共 页

序号	汇 总 内 容	金额/元	其中:暂估价/元
1	分部分项工程		
①			
②			
③			
④			
⑤			
2	措施项目		
①	安全文明施工费		
3	其他项目		
①	暂列金额		
②	专业工程暂估价		
③	计日工		
④	总承包服务费		
4	规费		
5	税金		
招标控制价/投标报价合计＝1＋2＋3＋4＋5			

注：本表适用于单位工程招标控制价或投标报价的汇总，如无单位工程划分，单项工程也使用本表汇总。

表 3-11 工程项目竣工结算汇总表

工程名称： 第 页 共 页

序号	单项工程名称	金额/元	其 中	
			安全文明施工费/元	规费/元
合 计				

表 3-12　单项工程竣工结算汇总表

工程名称：　　　　　　　　　　　　　　　　　　　　　　　　　　第 页　共 页

序号	单项工程名称	金额/元	其　中	
			安全文明施工费/元	规费/元
合　计				

表 3-13　单位工程竣工结算汇总表

工程名称：　　　　　　　　标段：　　　　　　　　　　　　　第 页　共 页

序号	汇　总　内　容	金额/元
1	分部分项工程	
①		
②		
③		
2	措施项目	
①	安全文明施工费	
3	其他项目	
①	专业工程结算价	
②	计日工	
③	总承包服务费	
④	索赔与现场签证	
4	规费	
5	税金	
竣工结算总价合计＝1＋2＋3＋4＋5		

注：如无单位工程划分，单项工程也使用本表汇总。

表 3-14　分部分项工程量清单与计价表

工程名称：　　　　　　　　标段：　　　　　　　　　　　　　第 页　共 页

序号	项目编码	项目名称	项目特征描述	计量单位	工程量	金　额/元		
						综合单价	合价	其中:暂估价
本页小计								
合　计								

注：根据《建筑安装工程费用组成》（建标[2003]206 号）的规定，为计取规费等的使用，可在表中增设"其中:'直接费''人工费'或'人工费＋机械费'"。

表 3-15　分部分项工程量清单综合单价分析表

工程名称：　　　　　　　　　　标段：　　　　　　　　　　　　　　第　页　共　页

项目编码				项目名称					计量单位				
清单综合单价组成明细													
定额编号	定额名称	定额单位	数量	单价					合价				
				人工费	材料费	机械费	管理费	利润	人工费	材料费	机械费	管理费	利润
综合人工工日				小　计									
工日				未计价材料费									
清单项目综合单价													

材料费明细	主要材料名称、规格、型号	单位	数量	单价/元	合价/元	暂估单价/元	暂估合价/元
	其他材料费			—		—	
	材料费小计			—		—	

注：① 如不使用省级或行业建设主管部门发布的计价依据,可不填定额项目、编号等;

　　② 招标文件提供了暂估单价的材料,按暂估的单价填入表内"暂估单价"栏及"暂估合价"栏;

　　③ 未计价材料费是指安装、市政等工程中的主材费。

表 3-16　措施项目清单与计价表一

工程名称：　　　　　　　　　　标段：　　　　　　　　　　　　　　第　页　共　页

序号	项目名称	计算基础	费率/(%)	金额/元
1	环境保护			
2	夜间施工			
3	冬雨季施工			
4	已完工程及设备保护			
5	临时设施			
6	现场安全文明施工			
①	基本费			
②	考评费			
③	奖励费			
7	材料与设备检验试验			
8	赶工措施			
9	工程按质论价			
10	各专业工程以"费率"计价的措施项目			
合　计				

注：本表适用于以"费率"计价的措施项目。

表 3-17 措施项目清单与计价表二

工程名称：　　　　　　　　　标段：　　　　　　　　　　　　　　第 页 共 页

序号	项目名称	金 额/元
1	二次搬运	
2	大型机械设备进出场及安拆	
3	施工排水	
4	施工降水	
5	地上、地下设施，建筑物的临时保护设施	
6	特殊条件下施工增加	
7	各专业工程以"项"计价的措施项目	
⋮		

注：① 本表适用于按江苏省计价表规定计价的措施项目，具体组成由投标人在措施项目费用分析表中列出；

② 本表中的"地上、地下设施，建筑物的临时保护设施"和"特殊条件下施工增加"项目可以不进行费用组成分析，直接按金额报价；

③ 专业工程中的"模板"和"脚手架"项目，除招标人另有要求的，一般应按江苏省计价表规定的计算规则进行费用组价。

表 3-18 措施项目清单费用分析表

工程名称：　　　　　　　　　标段：　　　　　　　　　　　　　　第 页 共 页

序号				项目名称					计量单位		项		
措施费用组成明细													
定额编号	定额名称	定额单位	数量	单价					合价				
				人工费	材料费	机械费	管理费	利润	人工费	材料费	机械费	管理费	利润
综合人工工日				小 计									
工日				未计价材料费									
清单项目综合单价													

材料费明细	主要材料名称、规格、型号	单位	数量	单价/元	合价/元	暂估单价/元	暂估合价/元
	其他材料费			—		—	
	材料费小计			—		—	

注：① 如不使用省级或行业建设主管部门发布的计价依据，可不填定额项目、编号等；

② 招标文件提供了暂估单价的材料，按暂估的单价填入表内"暂估单价"栏及"暂估合价"栏；

③ 未计价材料费是指安装、市政等工程中的主材费用。

表 3-19 其他项目清单与计价汇总表

工程名称：　　　　　　　　　　标段：　　　　　　　　　　　　第 页 共 页

序号	项目名称	计量单位	金额/元	备 注
1	暂列金额			明细详见表 3-20
2	暂估价			
①	材料暂估价		—	明细详见表 3-21
②	专业工程暂估价			明细详见表 3-22
3	计日工			明细详见表 3-23
4	总承包服务费			明细详见表 3-24
⋮				
	合　计			—

注：材料暂估单价进入清单项目综合单价，此处不汇总。

表 3-20 暂列金额明细表

工程名称：　　　　　　　　　　标段：　　　　　　　　　　　　第 页 共 页

序号	项目名称	计量单位	暂定金额/元	备 注
1				
2				
3				
	合　计			—

注：此表由招标人填写，也可只列暂定金额总额，投标人应将上述暂列金额计入投标总价中。

表 3-21 材料暂估价格表

工程名称：　　　　　　　　　　标段：　　　　　　　　　　　　第 页 共 页

序号	材料编码	材料名称	规格、型号等特殊要求	单位	数量	单价/元	合价/元	备注
	合　计							—

注：① 此表前五栏与第七栏由招标人填写，投标人应填写"数量""合价"与"合计"栏，并在工程量清单综合单价报价中按上述材料暂估单价计入；

② 材料包括原材料、燃料、构配件以及按规定应计入建筑安装工程造价的设备；

③ 此表中的暂估价材料均为由承包人供应的材料。

表 3-22 专业工程暂估价表

工程名称：　　　　　　　　　　标段：　　　　　　　　　　　　第 页 共 页

序号	工程名称	工程内容	金额/元	备 注
	合　计			—

注：此表由招标人填写，投标人应将上述专业工程暂估价计入投标总价中。

表 3-23 计日工表

工程名称：　　　　　　　　　标段：　　　　　　　　　　　　　　　　第　页　共　页

编号	项目名称	单位	暂定数量	综合单价	合价
一	人 工				
1					
2					
3					
	人 工 小 计				
二	材 料				
1					
2					
	材 料 小 计				
三	施工机械				
	施 工 机 械 小 计				
	合 计				

注：此表项目名称、数量由招标人填写，编制招标控制价时，单价由招标人按有关计价规定确定；投标时，单价由投标人自主报价，计入投标总价中。

表 3-24 总承包服务费计价表

工程名称：　　　　　　　　　标段：　　　　　　　　　　　　　　　　第　页　共　页

序号	工程名称	项目价值/元	服务内容	费率/(%)	金额/元
1	发包人发包专业工程				
2	发包人供应材料				
⋮					
合计					

注：此表由招标人填写，投标人应将上述专业工程暂估价计入投标总价中。

表 3-25 索赔与现场签证计价汇总表

工程名称：　　　　　　　　　标段：　　　　　　　　第　页　共　页

序号	签证及索赔项目名称	计量单位	数量	单价/元	合价/元	索赔及签证依据
	本页小计				—	
	合 计				—	

注：签证及索赔依据是指经双方认可的签证单和索赔依据的编号。

表 3-26 费用索赔申请(核准)表

工程名称： 标段： 编号：

致：_____(发包人全称)

　　根据施工合同条款第_____条的约定,由于_____原因,我方要求索赔金额(大写)_____元,(小写)_____元,请予核准。

附:1.费用索赔的详细理由和依据：

　　2.索赔金额的计算：

　　3.证明材料：

承包人(章)

承包人代表

日期

复核意见：

　　根据施工合同条款第_____条的约定,你方提出的费用索赔申请经复核：

　　□不同意此项索赔,具体意见见附件。

　　□同意此项索赔,索赔金额的计算,由造价工程师复核。

监理工程师

日期

复核意见：

　　根据施工合同条款第_____条的约定,你方提出的费用索赔申请经复核,索赔金额为(大写)_____元,(小写)_____元。

造价工程师

日期

审核意见：

　　□不同意此项索赔。

　　□同意此项索赔,与本期进度款同期支付。

发包人(章)

发包人代表

日期

注:① 在选择栏中的"□"内做标识"√"；

　　② 本表一式四份,由承包人填报,发包人、监理人、造价咨询人、承包人各存一份。

表 3-27　现场签证表

工程名称：　　　　　　　　　　标段：　　　　　　　　　编号：

施工单位		日期	

致：_____（发包人全称）

　　根据_____（指令人姓名）　年　月　日的口头指令或你方_____（或监理人）　年　月　日的书面通知,我方要求完成此项工作应支付价款金额为(大写)_____元,(小写)_____元,请予核准。

附:1.签证事由及原因:

　　2.附图及计算式:

承包人（章）
承包人代表
日期

复核意见： 　　你方提出的此项签证申请申请经复核： □不同意此项签证,具体意见见附件。 □同意此项签证,签证金额的计算,由造价工程师复核。 　　　　　　　　　　　监理工程师 　　　　　　　　　　　日期	复核意见： □此项签证按承包人中标的计日工单价计算,金额为(大写)_____元,(小写)_____元。 □此项签证因无计日工单价,金额为(大写)_____元,(小写)_____元。 　　　　　　　　　　　造价工程师 　　　　　　　　　　　日期

审核意见： □不同意此项签证赔。 □同意此项签证,价款与本期进度款同期支付。 <div align="right">发包人（章） 发包人代表 日期</div>

注:① 在选择栏中的"□"内做标识"√";

　　② 本表一式四份,由承包人在收到发包人(监理人)的口头或书面通知后填写,发包人、监理人、造价咨询人、承包人各存一份。

表 3-28　规费、税金项目清单与计价表

工程名称：　　　　　　　　　　标段：　　　　　　　　　　　第　页　共　页

序号	项目名称	计算基础	费率/(%)	金额/元
1	规费			
①	工程排污费			
②	安全生产监督费			
③	社会保障费			
④	住房公积金			
2	税金	分部分项工程费+措施项目费+其他项目费+规费		
	合　计			

表 3-29 工程款支付申请(核准)表

工程名称：　　　　　　　　标段：　　　　　　　　编号：

致：＿＿＿＿＿＿＿＿＿＿＿＿＿＿＿＿＿＿＿＿＿＿＿＿＿（发包人全称）

我方于＿＿＿＿＿＿至＿＿＿＿＿＿期间已完成了＿＿＿＿＿＿＿＿＿工作,根据施工合同的约定,现申请支付本期的工程价款为(大写)＿＿＿＿＿＿＿＿＿元,(小写)＿＿＿＿＿＿＿＿元,请予核准。

承包人(章)

序号	名称	金额/元	备注
1	累计已完成的工程价款		
2	累计已实际支付的工程价款		
3	本周期已完成的工程价款		
4	本周期完成的计日工金额		
5	本周期应增加和扣减的变更金额		
6	本周期应增加和扣减的索赔金额		
7	本周期应抵扣的预付款		
8	本周期应扣减的质保金		
9	本周期应增加或扣减的其他金额		
10	本周期实际应支付的工程价款		

承包人代表
日期

复核意见：
□与实际施工情况不相符,修改意见见附件。
□与实际施工情况相符,具体金额由造价工程师复核。

监理工程师
日期

复核意见：
你方提出的支付申请经复核,本周期已完成工程价款为(大写)＿＿＿＿＿＿＿元,(小写)＿＿＿＿＿＿＿元,本期间应支付金额为(大写)＿＿＿＿＿＿＿元,(小写)＿＿＿＿＿＿＿元。

造价工程师
日期

审核意见：
□不同意。
□同意,支付时间为本表签发后的 15 天内。

发包人(章)
发包人代表
日期

注：① 在选择栏中的"□"内做标识"√"；
② 本表一式四份,由承包人填报,发包人、监理人、造价咨询人、承包人各存一份。

表 3-30　发包人供应材料一览表

工程名称：　　　　　　　　　　　　标段：　　　　　　　　　　　　　　　　　　　　第　页　共　页

序号	材料编码	材料名称	规格、型号等特殊要求	单位	数量	单价/元	合价/元	备注
合　计								

注：① 此表前五栏与第七栏由招标人填写，投标人应填写"数量""合价"与"合计"栏，并在工程量清单综合单价报价中按上述材料单价计入；

　　② 材料包括原材料、燃料、构配件以及按规定应计入建筑安装工程造价的设备。

表 3-31　承包人供应主要材料一览表

工程名称：　　　　　　　　　标段：　　　　　　　　　　　　　　　　　　　　　　第　页　共　页

序号	材料编码	材料名称	规格、型号等特殊要求	单位	数量	单价/元	合价/元
合　计							

注：① 此表由投标人填写；

　　② 此表中不包括由承包人提供的暂估价格材料。

（二）表格分类

1. 工程量清单表格的组成

工程量清单表格由封 1、表 3-7、表 3-14、表 3-16、表 3-17、表 3-19 至表 3-24、表 3-28、表 3-30 组成。

2. 招标控制价表格的组成

招标控制价表由封 2、表 3-7 至表 3-10、表 3-14 至表 3-24、表 3-28、表 3-30、表 3-31 组成。

3. 投标报价表格的组成

投标报价表由封 3、表 3-7 至表 3-10、表 3-14 至表 3-24、表 3-28、表 3-30、表 3-31 组成。

4. 竣工结算表的组成

竣工结算表由封 4、表 3-7、表 3-11 至表 3-31 组成。

其中，表 3-18、表 3-30、表 3-31 为江苏省 08 规范中另外增加的三个表格。

二、各张表格中需注意的重点

封 1 至封 4、表 3-7、表 3-26 至表 3-28 为文字性说明，由编制人员直接填写；其他表格需要软件生成。

表 3-8 至表 3-13 为费用汇总表。表 3-8 至表 3-10 用于招标控制价与投标报价。与《江苏省 2003 清单计价规范》(以下简称江苏省 03 规范)相比,表 3-8、表 3-9 增加了"暂估价、安全文明施工费、规费"。表 3-10 中,①汇总内容要按章节号列出分部工程,江苏省 03 规范中有的软件列出人工费、材料费、机械费、管理费和利润或直接列出金额;②措施项目中单列出安全文明施工费;③其他项目汇总价格中不包括材料暂估价格,材料暂估价格已经计入分部分项工程或措施项目综合单价中。

表 3-11 至表 3-13 用于竣工结算。表 3-11 和表 3-12,由于竣工结算时,材料价格已经确定,此时暂估价格不再列出。表 3-13 与表 3-10 相比,没有暂列金额,暂列金额已经以变更或签证形式列入相应的分部分项或措施项目中,并且增加索赔与现场签证计价。

三、工程量清单计价实例

工程量清单计价方法有综合单价法和工料单价法两种,一般采用综合单价法。

结合项目二所学知识,可以总结出计算装饰工程造价基本需要依次计算以下几部分:

$$综合单价 = 人工费 + 材料费 + 机械使用费 + 管理费 + 利润$$

$$分部分项工程费 = \sum(工程量 \times 综合单价)$$

$$= \sum 人工费 + \sum 材料费 + \sum 机械使用费 + \sum 管理费 + \sum 利润$$

$$措施费 = 分部分项工程费 \times 费率 = \sum(工程量 \times 施工费综合单价)$$

$$其他项目费 = (分部分项工程费 + 措施费) \times 费率$$

$$规费 = (分部分项工程费 + 措施费 + 其他项目费) \times 费率$$

$$税金 = (分部分项工程费 + 措施费 + 其他项目费 + 规费) \times 费率$$

$$工程造价 = 分部分项工程费 + 措施项目费 + 其他项目费 + 规费 + 税金$$

例 1　某办公楼二层房间(包括卫生间)及走廊地面整体面层装饰工程,其工程量如表 3-32 所示,试计算该项工程的造价。(已知基本费费率为 0.9%,考评费费率为 0.5%,已完工程及设备保护费费率为 0.67%,工程排污费费率为 0.1%,住宅工程分户验收费率为 0.08%,建筑安全监督管理费费率为 0.19%,社会保障费费率为 3%,住房公积金费率为 0.5%,税率为 3.48%。)

表 3-32　某办公楼工程量

序号	清单编号	分项工程名称	单位	数量	项目特征
1		300×300 防滑地砖	m²	23.84	1. 结合层厚度、砂浆配合比:1:3 干硬性水泥砂浆、素水泥浆(砂浆与地砖总厚度为 50 mm);
2		600×600 玻化砖	m²	335.94	2. 嵌缝材料种类:1 mm 铺贴缝,水泥浆擦缝;
3		800×800 玻化砖	m²	87.73	3. 面层材料品种、规格、品牌、颜色见招标文件总说明

解　经查阅招标文件总说明,其中第 4 条关于工程质量、材料、施工等的特殊要求为:300 mm×300 mm 防滑地砖、600 mm×600 mm 米黄色玻化地砖、800 mm×800 mm 米黄色玻化地砖,建议选用"兴辉(GYA10300)""利家居(3368001)""顺辉(SCY029106)""冠珠(35139)"几种品牌中的一种。根据市场价格调研,结合本项目其他情况,300 mm×300 mm 防滑地砖以 28 元/块计,600 mm×600 mm 米黄色玻化地砖以 75 元/块计,800 mm×

800 mm 米黄色玻化地砖以 105 元/块计,根据企业内部用工情况,人工费以 95 元/工日计算。

① 计算综合单价。

根据《江苏省建筑与装饰工程计价定额(2014 版)》查得,定额编号为 13-83 的项目为水泥砂浆粘贴单块 0.4 m² 以内地砖楼地面,13-85 的项目为水泥砂浆粘贴单块 0.4 m² 以外地砖楼地面。通过定额换算计算各项目综合单价分别如下。

300 mm×300 mm 水泥砂浆粘贴防滑地砖楼地面综合单价:

人工费＝3.31×95 元＝314.45 元

材料费＝588.83 元－510.00 元＋10.2÷(0.3×0.3)×28 元＝3 252.16 元

综合单价＝[314.45＋3 252.16＋3.68＋(314.45＋3.68)×(12＋25)%]元/10 m²＝3 687.99 元/10 m²

600×600 水泥砂浆粘贴玻化地砖楼地面综合单价:

人工费＝3.31×95 元＝314.45 元

材料费＝588.83 元－510.00 元＋10.2÷(0.6×0.6)×75 元＝2 203.83 元

综合单价＝[314.45＋2 203.83＋3.68＋(314.45＋3.68)×(12＋25)%]元/10 m²＝2 639.67 元/10 m²

800 mm×800 mm 水泥砂浆粘贴玻化地砖楼地面综合单价:

人工费＝3.24×95 元＝307.80 元

材料费＝588.67 元－510.00 元＋10.2÷(0.8×0.8)×105 元＝1 752.11 元

综合单价＝[307.80＋1 752.11＋3.55＋(307.80＋3.55)×(12＋25)%]元/10 m²＝2 178.63 元/10 m²

② 根据公式:分部分项工程费＝综合单价×工程量,计算分部分项工程费。

300 mm×300 mm 水泥砂浆粘贴防滑地砖楼地面分部分项工程费:

3 687.99 元/10 m²×23.84 m²＝8 792.17 元

600 mm×600 mm 水泥砂浆粘贴玻化地砖楼地面分部分项工程费:

2 639.67 元/10 m²×335.94 m²＝88 675.73 元

800 mm×800 mm 水泥砂浆粘贴玻化地砖楼地面分部分项工程费:

2 178.63 元/10 m²×87.73 m²＝19 113.12 元

分部分项工程费合计:(8 792.17＋88 675.73＋19 113.12)元＝116 581.02 元

③ 计算措施费。

116 581.02×(0.9%＋0.5%＋0.67%＋0.08%)元＝2 506.49 元

④ 计算规费。

(116 581.02＋2 506.49)×(0.1%＋0.19%＋3%＋0.5%)元＝4 513.42 元

⑤ 计算税金。

(116 581.02＋2 506.49＋4 513.42)×3.48%元＝4 301.31 元

⑥ 计算工程造价。

(116 581.02＋2 506.49＋4 513.42＋4 301.31)元＝127 903.95 元

综上所得:该办公楼二层房间(包括卫生间)及走廊地面整体面层装饰工程,其工程的造价为 127 903.95 元。

形成正式的投标文件格式后,主要表格如表 3-33 至表 3-37 所示。

表 3-33　单位工程投标报价汇总表

工程名称:××办公楼　　　　　　标段:　　　　　　　　　　　　　　　　　　第 1 页　　共 1 页

序号	汇 总 内 容	金额/元	其中:暂估价/元
1	分部分项工程	116 581.04	
2	措施项目	2 506.49	
2.1	安全文明施工费	1 632.13	
3	其他项目		
3.1	暂列金额		
3.2	专业工程暂估价		
3.3	计日工		
3.4	总承包服务费		
4	规费	4 513.42	
4.1	工程排污费	119.09	
4.2	建筑安全监督管理费	226.27	
4.3	社会保障费	3 572.63	
4.4	住房公积金	595.4	
5	税金	4 301.31	
	投标报价合计＝1＋2＋3＋4＋5	127 903.95	

注:本表适用于单位工程招标控制价或投标报价的汇总,如无单位工程划分,单项工程也使用本表汇总。

表 3-34　分部分项工程量清单与计价表

工程名称:××办公楼　　　　　　标段:　　　　　　　　　　　　　　　　　　第 1 页　　共 1 页

序号	项目编码	项目名称	项目特征描述	计量单位	工程量	金　　额/元		
						综合单价	合价	其中:暂估价
1	011102003001	块料楼地面	300 mm×300 mm 防滑地砖,1∶3水泥砂浆粘贴	m²	23.84	368.80	8 792.19	
2	011102003002	块料楼地面	600 mm×600 mm 防滑地砖,1∶3水泥砂浆粘贴	m²	335.94	263.97	88 676.73	
3	011102003003	块料楼地面	800 mm×800 mm 防滑地砖,1∶3水泥砂浆粘贴	m²	87.73	217.86	19 113.12	
			本页小计				116 581.04	
			合　　计				116 581.04	

注:根据建设部、财政部发布的《建筑安装工程费用组成》(建标〔2003〕206 号)的规定,为计取规费等的使用,可在表中增设其中:"直接费""人工费"或"人工费+机械费"。

表 3-35　工程量清单综合单价分析表

工程名称：××办公楼　　　　　　　　　　标段：　　　　　　　　　　　　　　第 1 页　共 3 页

项目编码	011102003001	项目名称	块料楼地面	计量单位	m²	工程量	1

清单综合单价组成明细

定额编号	定额名称	定额单位	数量	单价					合价				
				人工费	材料费	机械费	管理费	利润	人工费	材料费	机械费	管理费	利润
13-83	楼地面单块 0.4 m² 以内地砖 水泥砂浆粘贴	10 m²	2.384	314.45	3 252.15	3.68	79.53	38.18	749.65	7 753.13	8.77	189.6	91.02
综合人工工日			小计						749.65	7 753.13	8.77	189.6	91.02
一类工 95 元/工日			未计价材料费						0				
清单项目综合单价									8 792.17				

	主要材料名称、规格、型号	单位	数量	单价/元	合价/元	暂估单价/元	暂估合价/元
材料费明细	水泥 32.5 级	kg	300.328 6	0.31	93.1		
	中砂	t	0.953 88	69.37	66.17		
	水	m³	0.813 136	4.7	3.82		
	白水泥	kg	2.384	0.7	1.67		
	合金钢切割锯片	片	0.064 4	80	5.15		
	锯(木)屑	m³	0.143	55	7.87		
	棉纱头	kg	0.238 4	6.5	1.55		
	其他材料费	元	8.582 4	1	8.58		
	同质地砖 300 mm×300 mm	m²	24.316 8	311.11	7 565.2		
	材料费小计				7 753.11	—	

工程量清单综合单价分析表

工程名称：××办公楼　　　　标段：　　　　　　　第 2 页　共 3 页

项目编码	011102003002	项目名称	块料楼地面	计量单位	m²	工程量	1

清单综合单价组成明细

定额编号	定额名称	定额单位	数量	单价					合价				
				人工费	材料费	机械费	管理费	利润	人工费	材料费	机械费	管理费	利润
13-83	楼地面单块0.4 m²以内地砖水泥砂浆粘贴	10 m²	33.594	314.45	2 203.79	3.68	79.53	38.18	10 563.63	74 034.12	123.63	2 671.73	1 282.62
综合人工工日		小计							10 563.63	74 034.12	123.63	2 671.73	1 282.62
一类工 95 元/工日		未计价材料费					0						
清单项目综合单价							88 675.73						

	主要材料名称、规格、型号	单位	数量	单价/元	合价/元	暂估单价/元	暂估合价/元
材料费明细	水泥 32.5 级	kg	4 232.556 4	0.31	1 312.09		
	中砂	t	13.440 517 2	69.37	932.37		
	水	m³	11.458 858	4.7	53.86		
	白水泥	kg	33.594	0.7	23.52		
	合金钢切割锯片	片	0.907	80	72.56		
	锯(木)屑	m³	2.015 6	55	110.86		
	棉纱头	kg	3.359 4	6.5	21.84		
	其他材料费	元	120.938 4	1	120.94		
	同质地砖 600 mm×600 mm	m²	342.658 8	208.33	71 386.11		
	材料费小计			—	74 034.13	—	

工程量清单综合单价分析表

工程名称：××办公楼　　　　　　　标段：　　　　　　　　　　第 3 页　　共 3 页

项目编码	020102002003	项目名称	块料楼地面	计量单位		m²	工程量	1

清单综合单价组成明细

定额编号	定额名称	定额单位	数量	单价					合价				
				人工费	材料费	机械费	管理费	利润	人工费	材料费	机械费	管理费	利润
13-83	楼地面单块 0.4 m² 以内地砖 水泥砂浆粘贴	10 m²	33.594	314.45	2 203.79	3.68	79.53	38.18	10 563.63	74 034.12	123.63	2 671.73	1 282.62
综合人工工日				小计					10 563.63	74 034.12	123.63	2 671.73	1 282.62
一类工 95 元/工日				未计价材料费					0				
清单项目综合单价									19 113.12				

材料费明细	主要材料名称、规格、型号	单位	数量	单价/元	合价/元	暂估单价/元	暂估合价/元
	水泥 32.5 级	kg	1 105.300 3	0.31	342.64		
	中砂	t	3.510 007 8	69.37	243.49		
	水	m³	2.992 484	4.7	14.06		
	白水泥	kg	8.773	0.7	6.14		
	合金钢切割锯片	片	0.219 3	80	17.54		
	锯（木）屑	m³	0.526 4	55	28.95		
	棉纱头	kg	0.877 3	6.5	5.7		
	其他材料费	元	31.582 8	1	31.58		
	同质地砖 800 mm×800 mm	m²	89.484 6	164.06	14 680.84		
	材料费小计			—	15 370.96	—	

表 3-36　措施项目清单与计价表一

工程名称:××办公楼　　　　　　　　　　标段:　　　　　　　　　　　　　第 1 页　　共 1 页

序号	项目名称	计算基础	费率/(%)	金额/元
	通用措施项目			
1	现场安全文明施工			1 632.13
1.1	基本费	FBFXHJ	0.9	1 049.23
1.2	考评费	FBFXHJ	0.5	582.91
1.3	奖励费	FBFXHJ	0	
2	夜间施工	FBFXHJ	0	
3	冬雨季施工	FBFXHJ	0	
4	已完工程及设备保护	FBFXHJ	0.67	781.09
5	临时设施	FBFXHJ	0	
6	材料检验试验费	FBFXHJ	0	
7	赶工措施	FBFXHJ	0	
8	工程按质论价	FBFXHJ	0	
	专业工程措施项目			
9	住宅工程分户验收	FBFXHJ	0.08	93.26
10	室内空气污染测试			
	合　　计			2 506.49

注:本表适用于以"费率"计价的措施项目。

表 3-37　规费、税金项目清单与计价表

工程名称:××办公楼　　　　　　　　　　标段:　　　　　　　　　　　　　第 1 页　　共 1 页

序号	项目名称	计算基础	费率/(%)	金额/元
1	规费	工程排污费＋建筑安全监督管理费＋社会保障费＋住房公积金		4 513.41
1.1	工程排污费	分部分项工程＋措施项目＋其他项目	0.1	119.09
1.2	建筑安全监督管理费	分部分项工程＋措施项目＋其他项目	0.19	226.27
1.3	社会保障费	分部分项工程＋措施项目＋其他项目	3	3 572.62
1.4	住房公积金	分部分项工程＋措施项目＋其他项目	0.5	595.44
2	税金	分部分项工程＋措施项目＋其他项目＋规费	3.48	4 301.31
	合计			8 814.72

思考与练习

一、单选题

1. 对工程量清单概念表述不正确的是（　　）。

A. 工程量清单是包括工程数量的明细清单　　　　B. 工程量清单也包括工程项目相应的单价

C. 工程量清单由招标人提供　　　　　　　　　　D. 工程量清单是招标文件的组成部分

2. 工程量清单中要提供发包人供应材料一览表，表中不必明确材料的（　　）。

A. 名称　　　　　　　B. 单价　　　　　　　C. 来源　　　　　　　D. 编码

3. 下列费用中，不应该计入综合单价的费用是（　　）。

A. 利润　　　　　　　B. 计日工　　　　　　C. 现场管理费　　　　D. 企业管理费

4. 实行工程量清单计价，下列说法正确的为（　　）。

A. 业主承担工程价格波动的风险，承包商承担工程量变动的风险

B. 业主承担工程量变动风险，承包商承担工程价格波动的风险

C. 业主承担工程量变动和工程价格波动的风险

D. 承包商承担工程量变动和工程价格波动的风险

5. 某装饰工程直接工程费为120万元，其中，人工费、材料费和机械费的比例为3:8:1，则其分部分项工程费为（　　）。

A. 120万元　　　　　B. 164万元　　　　　C. 150万元　　　　　D. 175万元

6. 装饰工程经常发生的措施费用中不包括（　　）。

A. 脚手架费　　　　　　　　　　　　　　　　B. 已完工程及设备保护

C. 施工排水、降水　　　　　　　　　　　　　D. 室内空气污染测试

7. 建筑装饰工程费用中的税金不包括（　　）。

A. 营业税　　　　　　B. 企业所得税　　　　C. 教育费附加　　　　D. 城市维护建设税

8. 根据江苏省清单计价法的规定，（　　）不属于措施项目费的内容。

A. 环境保护费　　　　B. 低值易耗品摊销费　C. 临时设施费　　　　D. 脚手架费

9. 地砖从楼下运至十九楼的费用属于（　　）。

A. 其他费用　　　　　B. 材料费　　　　　　C. 管理费　　　　　　D. 二次搬运费

10. 某项工程规费共8 555.00元，其中工程排污费费率为0.2%，费用为1 450.00元，税率为3.48%，则该项工程的造价为（　　）。

A. 759 082.71元　　　B. 652 308.08元　　　C. 442 377.65元　　　D. 355 270.86元

二、多选题

1. 目前市场上，装饰公司对家装工程的承包方式较为灵活，主要方式有（　　）。

A. 邀请招标　　　　　　　　　B. 公开招标　　　　　　　　C. 包工包料

D. 部分包工包料　　　　　　　E. 包工不包料

2. 工程量清单计价模式下，综合单价主要包括（　　）。

A. 企业管理费　　　　　　　　B. 规费　　　　　　　　　　C. 机械台班费

D. 材料费　　　　　　　　　　E. 人工费

3. 工程量清单计价模式下,其他项目费用包括( )。

A. 检验试验费　　　　　　B. 计日工　　　　　　　C. 措施项目费

D. 专业工程暂估价　　　　E. 总承包服务费

4. 工程量清单计价模式下,建设工程的费用包括( )。

A. 工程设计费　　　　　　B. 措施项目清单费用　　C. 其他项目费用

D. 规费和税金　　　　　　E. 分部分项工程费用

5. 建设工程费用中,不可竞争费包括( )。

A. 现场安全文明施工措施费　B. 工程定额测定费　　C. 安全生产监督费

D. 检验试验费　　　　　　E. 社会保障费

6. 工程量清单计价模式下,分部分项工程费包括( )。

A. 企业管理费　　　　　　B. 规费　　　　　　　　C. 工程排污费

D. 教育费附加　　　　　　E. 人工费

7. 社会保障费的计算基数不包括( )。

A. 分部分项工程费　　　　B. 措施费　　　　　　　C. 其他项目费

D. 规费　　　　　　　　　E. 税金

8. 下列费用的变化会直接引起企业管理费变化的是( )。

A. 人工费　　　　　　　　B. 社会保障费　　　　　C. 材料费

D. 机械费　　　　　　　　E. 措施费

三、思考题

1. 简述建设工程费用中各组成部分的关系。

2. 简述建筑装饰工程量清单计价文件的全面性与科学性。

四、案例题

(说明:现场安全文明费的费率为 1.6%,临时设施费的费率为 2.2%,安全生产监督费的费率为 0.19%,社会保障费的费率为 2.2%,住房公积金为 0.38%,税率为 3.44%。)

1. 一计量室长 8 m,宽 6 m,地面先进行 15 mm 厚水泥砂浆找平后,用水泥砂浆粘贴 600 mm×600 mm 同质地砖。如果人工单价按市场价 75 元/工日、地砖单价按市场价为 50 元/块计价,试计算该项工程的分部分项工程费及工程造价。

2. 某单位一小会议室吊顶如图 3-5 和图 3-6 所示,采用不上人型轻钢龙骨,龙骨间距 400 mm×600 mm,面层为纸面石膏板。批三遍泥子,刷白色乳胶漆三遍,与墙连接处用 100 mm×30 mm 石膏线条交圈,刷白色乳胶漆,窗帘盒用木工板制作,展开宽度为 500 mm,回光灯槽用木工板制作。窗帘盒、回光灯槽处清油封底并刷乳胶漆(做法同上),纸面石膏板贴自粘胶带按 1.5 m/m² 考虑,暂不考虑防火漆,计算该项目综合单价及分项工程的清单造价。

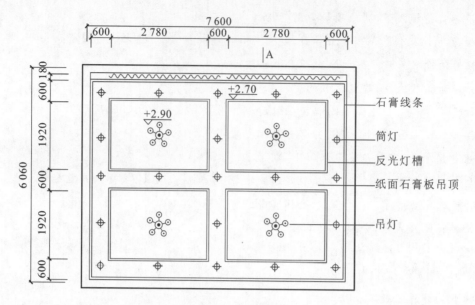

图 3-5　顶面图

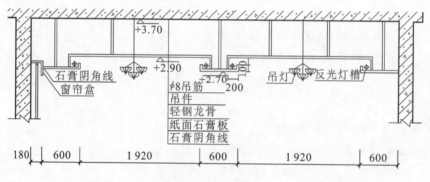

图 3-6　剖面图

项目四
建筑装饰工程量
清单计价案例

ShiNeiZhuangShi

GongCheng Zaojia

◀ ◀ ◀ ◀

■ **教学目标**

最终目标：能运用软件编制工程量清单计价文件。

促成目标：(1) 熟悉计价软件及其应用；

(2) 理解招标文件中的重要条款；

(3) 综合应用本课程所学内容；

(4) 能够根据招标文件的相关条款调整投标报价；

(5) 积累工程量清单计价相关经验。

■ **工作任务**

对给定的招标文件进行投标报价。

■ **活动设计**

1. 活动思路

在熟悉软件操作的基础上，结合给定的招标文件，综合本课程所学内容进行投标报价。

2. 活动评价

评价内容为学生作业，评价标准如下：

评价等级	评价标准
优秀	能够正确理解招标文件，综合应用所学知识，运用正确的方法和步骤进行投标报价，且能够根据要求进行合理的调整
合格	能够基本正确理解招标文件，综合应用所学知识，基本可以完成投标报价文件的编制
不合格	不能正确理解招标文件，不能综合应用所学知识完成投标报价文件的编制

单元一

广联达计价软件的应用 ◀◀◀◀

在过去的很长一段时间里我们都是靠自己的双手进行计算的，对于刚学造价的人来讲，学习手工计算应该是最佳选择了，因为这样有助于初学者对整个计价项目做到心中有数，促使初学者对图纸进行详细了解，而且还能积累一些计算经验，增长计算能力，奠定在工程造价方面发展的基础。

但是，手工计算除了费时费力外，还有可能造成较大的误差。在现代工程造价领域，通过软件进行工程量清单编制、招标控制价编制、投标计价文件编制及造价管理等已是一个无法改变的发展趋势。预算软件因其预算误差小、费时少等明显优势被广为称赞。现在，工程造价领域应用较多的有广联达预算软件和神机妙算预算软件等，不管何种预算软件，它们的基本功能和操作方法都相差不大。但是，预算软件的使用必须在插入相对应的加密锁后才能运行。下面以广联达计价软件为例，详细讲解计价软件的应用情况。

GBQ 4.0 是广联达软件股份有限公司推出的融计价、招标管理、投标管理于一体的全新计价软件,旨在帮助工程造价人员解决电子招投标环境下的工程计价、招投标业务问题,使计价更高效、招标更便捷、投标更安全。

（一）软件构成及应用流程

GBQ 4.0 包含三大模块,即招标管理模块、投标管理模块、清单计价模块。招标管理模块和投标管理模块是站在整个项目的角度进行招投标工程造价管理的;清单计价模块用于编辑单位工程的工程量清单或投标报价,可以从招标管理模块和投标管理模块直接进入清单计价模块。软件使用流程如图 4-1 所示。

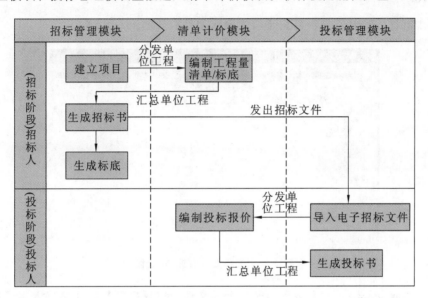

图 4-1　GBQ 4.0 软件应用流程

（二）软件操作流程

对于招标方和投标方,软件在应用上有一定的区别。

1. 招标方的主要工作

① 新建招标项目,包括新建招标项目工程,建立项目结构;

② 编制单位工程分部分项工程量清单,包括输入清单项、输入清单工程量、编辑清单名称、分部整理;

③ 编制措施项目清单;

④ 编制其他项目清单;

⑤ 编制甲供材料、设备表;

⑥ 查看工程量清单报表;

⑦ 生成电子标书,包括招标书自检、生成电子招标书、打印报表、刻录及导出电子标书。

2. 投标方的主要工作

① 新建投标项目;

② 编制单位工程分部分项工程量清单计价,包括套定额子目、输入子目工程量、子目换算、设置单价构成;

③ 编制措施项目清单计价,包括计算公式组价、定额组价、实物量组价三种方式;

④ 编制其他项目清单计价;

⑤ 人、材、机汇总，包括调整人、材、机价格，设置甲供材料、设备；

⑥ 查看单位工程费用汇总，包括调整计价程序、工程造价；

⑦ 查看报表；

⑧ 汇总项目总价，包括查看项目总价、调整项目总价；

⑨ 生成电子标书，包括符合性检查、投标书自检、生成电子投标书、打印报表、刻录及导出电子标书。

（三）投标方编制清单报价实例

1. 新建投标项目

在工程文件管理界面，单击【新建项目】→【新建投标项目】，如图 4-2 所示。

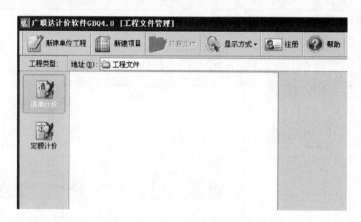

图 4-2　"工程文件管理"对话框

在新建投标工程界面，单击【浏览】，找到电子招标书文件，单击【打开】，软件会导入电子招标文件中的项目信息，如图 4-3 所示。

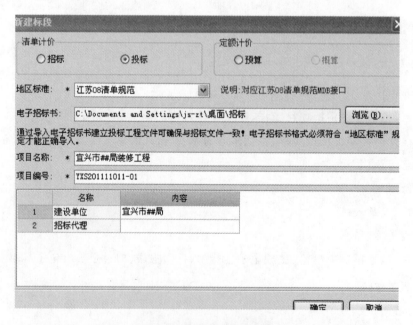

图 4-3　"新建标段"对话框

单击【确定】，软件进入投标管理主界面，可以看出项目结构也被完整导入进来，如图 4-4 所示。

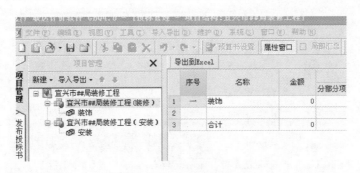

图 4-4　投标管理主界面

提示：除项目信息、项目结构外，软件还导入了所有单位工程的工程量清单内容。

2. 进入单位工程界面

选择土建工程，单击【进入编辑窗口】，在新建清单计价单位工程界面选择清单库、定额库及其专业，输入工程名称，如图 4-5 所示。

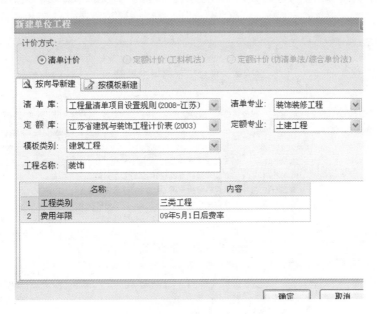

图 4-5　"新建单位工程"对话框

单击【确定】后，软件会进入单位工程编辑主界面，能看到已经导入的工程量清单，如图 4-6 所示。

3. 套定额组价

在建筑装饰工程中，套定额组价通常采用的方式有以下五种。

1）内容指引

选择平整场地清单，单击【内容指引】，选择 12-15 子目，如图 4-7 所示。

单击【选择】，软件即可输入定额子目，输入子目工程量如图 4-8 所示。

提示：清单项下面都会有主子目，其工程量一般和清单项的工程量相等。

2）直接输入

选择块料楼地面清单，单击【插入】→【插入子目】，如图 4-9 所示。

在空行的编码列输入 12-96，然后回车，如图 4-10 所示。

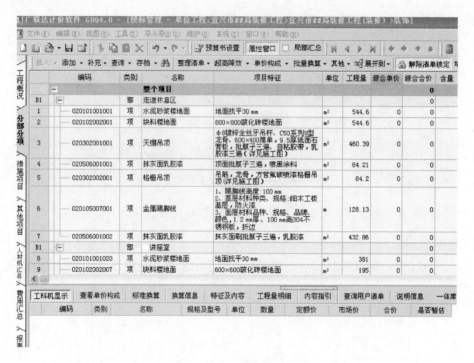

图 4-6　单位工程编辑主界面

	编码		名称	单位	单价
工料机显示	查看单价构成	标准换算	换算信息　特征及内容　工程量明细	内容指引	
水泥砂浆楼地面					
12	12-12		(C10砼20 mm32.5)垫层分格	m³	227.42
13	12-13		(C10非泵送商品砼)垫层不分格	m³	273.69
14	12-14		(C10非泵送商品砼)商品砼垫层分格	m³	285.53
15	12-15		水泥砂浆找平层(厚20 mm)砼或硬基层上	10m²	63.54
16	12-16		水泥砂浆找平层(厚20 mm)在填充材料上	10m²	79.71
17	12-17		水泥砂浆找平层(厚20 mm)厚每±5 mm	10m²	14.68

图 4-7　"内容指引"窗口

	编码	类别	名称	项目特征	单位	工程量	综合单价	综合合价
−			整个项目					3 463.66
−		部	走道休息区					3 463.66
−	020101001001	项	水泥砂浆楼地面	地面找平30 mm	m²	544.6	6.36	3 463.66
	12-15	定	水泥砂浆找平层(厚20 mm)砼或硬基层上		10m²	54.46	63.54	3 460.39
	020102002001	项	块料楼地面	800×800碳化砖楼地面	m²	544.6	0	0

图 4-8　输入子目工程量

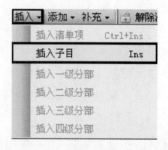

图 4-9　"插入子目"命令

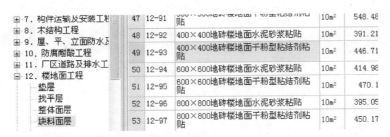

图 4-10　输入编码后的界面

提示:输入完子目编码后,敲击回车,光标会跳格到工程量列,再次敲击回车,软件会在子目下插入一空行,光标自动跳格到空行的编码列,这样能通过回车键快速切换。

3)查询输入

选中 020102002001 块料楼地面清单,单击【查询定额库】,选择第十二章楼地面工程,块料楼地面章节,选中 12-96 子目,单击【选择子目】即可,如图 4-11 所示。

图 4-11　"选择子目"窗口

双击所选定额,或者点中所选定额,然后点击右上角的插入,结果如图 4-10 所示。

4)补充子目

选中格栅吊顶清单,单击【补充】→【子目】,如图 4-12 所示。

在弹出的对话框中输入编码、专业章节、名称、单位、工程量及人工费、材料费、机械费等信息。单击【确定】,即可补充子目,如图 4-13 所示。

图 4-12　"补充子目"命令

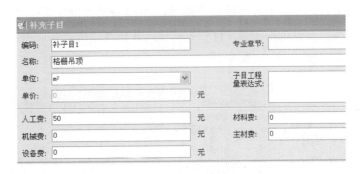

图 4-13　完成补充子目

提示:补充清单项不套定额,直接给出综合单价。

5)换算

(1)系数换算　选中水泥砂浆楼地面清单下的 12-15 子目,点击子目编码列,使其处于编辑状态,在子目编码后面输入□×1.5,如图 4-14 所示。软件就会把这条子目的单价乘以 1.5 的系数,如图 4-15 所示。

编码	类别	名称	项目特征	单位	工程量	综合单价	综合合价
		整个项目					3 463.66
B1	部	走道休息区					3 463.66
1	项	020101001001 水泥砂浆楼地面	地面找平30 mm	m²	544.6	6.36	3 463.66
12-15×1.5	定	水泥砂浆找平层(厚20 mm)砼或硬基层上		10 m²	54.46	63.54	3 460.39

图 4-14　输入系数

编码	类别	名称	项目特征	单位	工程量	综合单价	综合合价
		整个项目					5 190.04
B1	部	走道休息区					5 190.04
1	项	020101001001 水泥砂浆楼地面	地面找平30 mm	m²	544.6	9.53	5 190.04
	换	12-15 水泥砂浆找平层(厚20 mm)砼或硬基层上 子目乘以系数1.5		10 m²	54.46	95.31	5 190.58
2	项	020102002001 块料楼地面	800×800碳化砖楼地面	m²	544.6	0	0

图 4-15　完成系数换算

（2）标准换算　选中水泥砂浆楼地面清单下的 12-15 子目，在下半部分功能区单击【标准换算】，在下方窗口的标准换算界面选择水泥砂浆的实际厚度，如图 4-16 所示。

编码	类别	名称	项目特征	单位	工程量	综合单价	综合合价
		整个项目					3 463.66
B1	部	走道休息区					3 463.66
1	项	020101001001 水泥砂浆楼地面	地面找平30 mm	m²	544.6	6.36	3 463.66
	定	12-15 水泥砂浆找平层(厚20 mm)砼或硬基层上		10 m²	54.46	63.54	3 460.39
2	项	020102002001 块料楼地面	800×800碳化砖楼地面	m²	544.6	0	0

工料机显示	查看单价构成	标准换算	换算信息	特征及内容	工程量明细	内容指引	查询用户清单	说明信息
换算列表				换算内容				
实际厚度/mm				30				
换水泥砂浆 1:3				013005　水泥砂浆 1:3				

图 4-16　"标准换算"窗口

说明：标准换算可以处理的换算内容包括定额书中的章节说明、附注信息，混凝土、砂浆标号换算，运距、板厚换算。在实际工作中，大部分换算都可以通过标准换算来完成。

4. 措施项目组价

措施项目的计价方式包括三种，分别为计算公式计价方式、定额计价方式、实物量计价方式，这三种方式可以互相转换。一般采用实物量计价方式或计算公式计价方式，且软件将其设置为缺省值。

点击左侧【措施项目】菜单，如图 4-17 所示。

	序号	类	名称	单位	项目特征	组价方式	计算基数	费率(%)	工程量	综合单价	综合合价	单价构成文件
			措施项目								0	
			通用措施项目								0	
1	1		现场安全文明施工	项		子措施组价			1	0	0	
2	1.1		基本费	项		计算公式组		0.9	1	0	0	[缺省模板 (实物量或计算
3	1.2		考评费	项		计算公式组		0.5	1	0	0	[缺省模板 (实物量或计算
4	1.3		奖励费	项		计算公式组		0.2	1	0	0	[缺省模板 (实物量或计算
5	2		夜间施工	项		计算公式组		0	1	0	0	[缺省模板 (实物量或计算
6	3		冬雨季施工	项		计算公式组		0	1	0	0	[缺省模板 (实物量或计算
7	4		已完工程及设备保护	项		计算公式组		0	1	0	0	[缺省模板 (实物量或计算
8	5		临时设施	项		计算公式组		0	1	0	0	[缺省模板 (实物量或计算
9	6		材料与设备检验试验	项		计算公式组		0	1	0	0	[缺省模板 (实物量或计算
10	7		赶工措施	项		计算公式组		0	1	0	0	[缺省模板 (实物量或计算
11	8		工程按质论价	项		计算公式组		0	1	0	0	[缺省模板 (实物量或计算
12			二次搬运	项		定额组价			1	0	0	一

工程概况　分部分项　措施项目　其他项目

图 4-17　"措施项目"界面

软件已将该项工程的取费费率载入,只需要给所取费项目选择合适的计价基数即可,如图 4-18 所示。

序号	类	名称	单位	项目特征	组价方式	计算基数	费率	工程量	综
−		**措施项目**							
	−	通用措施项目							
1	− 1	现场安全文明施工	项		子措施组价			1	
2	— 1.1	基本费	项		计算公式组	FBFXH ...	0.9	1	
3	— 1.2	考评费	项		计算公式组		0.5	1	
4	— 1.3	奖励费	项		计算公式组		0.2	1	
5	— 2	夜间施工	项		计算公式组		0	1	

图 4-18　选择合适的计价基数后的措施项目界面

用同样的方式可以设定其他措施费的计算基数,软件自动汇总所有措施项目费用并列入总费用。

5. 其他项目清单

投标人部分没有发生费用,如图 4-19 所示。

	序号	名称	计算基数	费率(%)	金额	费用类别	不可竞争费	备注
1		**其他项目**			100000	普通		
2	− 1	招标人部分			100000	招标人部分		
3	— 1.1	预留金	100000	100	100000	普通费用	☐	
4	— 1.2	材料购置费	0	100	0	普通费用	☐	
5	− 2	投标人部分			0	投标人部分		
6	— 2.1	总承包服务费	0	100	0	普通费用	☐	
7	— 2.2	零星工作费	0	100	0	普通费用	☐	

图 4-19　"其他项目"界面

如果有发生的费用,直接在投标人部分输入相应金额即可。

6. 人材机汇总

1)载入造价信息

在人材机汇总界面,选择材料表,单击【载入造价信息】,如图 4-20 所示。

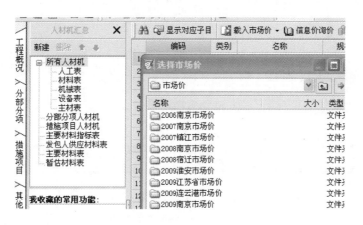

图 4-20　"载入造价信息"界面

在"载入造价信息"界面,点击信息价右侧下拉选项,选择"2009 江苏省市场价",单击【确定】,软件会按照信息价文件的价格修改材料市场价,如图 4-21 所示。

编码	类别	名称	规格	单位	数量	预算价	市场价	市场价合计	价差	价差合计
1 ZSGR2	人	二类工(装饰)		工日	38.122	26	26	991.17	0	0
2 013005	浆	水泥砂浆	1:3	m³	11.000 92	176.3	176.3	1 939.46	0	0
3 101022	材	中砂		t	17.722 48	38	38	673.45	0	0
4 301023	材	水泥	32.5	kg	4 488.375	0.28	0.28	1 256.75	0	0
5 613206	材	水		m³	6.567 88	2.8	2.8	18.39	0	0
6 000020	机	二类工(机械二次分		工日	2.723	26	37	100.75	11	29.95
7 06016	机	灰浆拌和机200 L		台班	2.178 4	51.43	65.18	141.99	13.7	0
8 901019	机	安拆费及场外运输费		元	11.915 85	1	1	11.92	0	0

图 4-21　修改后的市场价

2）直接修改材料价格

直接修改 800 mm×800 mm 地砖的市场价格为 55 元/块，如图 4-22 所示。

	编码	类别	名称	规格型	单位	数量	预算价	市场	市场价	价差	价差合计
1	013003	浆	水泥砂	1:2	m³	2.777 46	212.43	212.4	590.02	0	0
2	013005	浆	水泥砂	1:3	m³	22.001 84	176.3	176.3	3 878.92	0	0
3	013075	浆	素水泥		m³	0.544 6	426.22	426.2	232.12	0	0
4	101022	材	中砂		t	39.511 16	38	38	1 501.42	0	0
5	204057	材	同质地	800×800	块	925.82	11.34	55	50 920.1	43.6	40 421.3
6	301002	材	白水泥		kg	54.46	0.58	0.58	31.59	0	0

图 4-22　直接修改材料价格

7. 设置甲供材料

设置甲供材料的方法有两种，即逐条设置或批量设置。

1）逐条设置

选中水泥材料，单击供货方式单元格，在下拉选项中选择"完全甲供"，如图 4-23 所示。

	编码	类别	名称	规格型号	单位	数量	预算价	市场价	价差	供货方式
1	02001	材	水泥	综合	kg	3119118.72	0.366	0.34	-0.026	完全甲供

图 4-23　逐条设置

2）批量设置

通过拉选的方式选择多条材料，如图 4-24 所示。

	编码	类别	名称	规格型号	单位	数量	预算价	市场价	价差	供货方式
1	02001	材	水泥	综合	kg	3119118.72	0.366	0.34	-0.026	完全甲供
2	04001	材	红机砖		块	1053.8388	0.177	0.23	0.053	自行采购
3	04023	材	石灰		kg	34444.61	0.097	0.14	0.043	自行采购
4	04025	材	砂子		kg	5388347.05	0.036	0.049	0.013	自行采购

图 4-24　批量设置选择材料

单击【供货方式】→【批量修改】，在弹出的界面中单击"设置值"下拉选项，选择"完全甲供"，单击【确定】，如图 4-25 所示。

单击【确定】，其设置结果如图 4-26 所示。

单击导航栏【甲方材料】，选择【甲供材料表】，查看设置结果如图 4-27 所示。

图 4-25 选择"完全甲供"

	编码	类别	名称	规格型号	单位	数量	预算价	市场价	价差	供货方式
1	02001	材	水泥	综合	kg	3 119 118.72	0.366	0.34	-0.026	完全甲供
2	04001	材	红机砖		块	1 053.838 8	0.177	0.23	0.053	自行采购
3	04023	材	石灰		kg	34 444.61	0.097	0.14	0.043	自行采购
4	04025	材	砂子		kg	5 388 347.05	0.036	0.049	0.013	完全甲供
5	04026	材	石子	综合	kg	8 974 999.42	0.032	0.042	0.01	完全甲供
6	04037	材	陶粒混凝土空心		m³	1 579.3219	120	145	25	自行采购
7	04048	材	白灰		kg	28 418.37	0.097	0.14	0.043	自行采购

图 4-26 设置结果

图 4-27 查看设置结果

8. 费用汇总

单击【费用汇总】,软件自动进行项目总价汇总,如图 4-28 所示。

	序号	费用代号	名称	计算基数	基数说明	费率/%	金额	费用类别
1	一	A	分部分项工程量清单计价合计	FBFXHJ	分部分项合计	100	3 004 388.00	分部分项合计
2	二	B	措施项目清单计价合计	CSXMHJ	措施项目合计	100	1 200 037.00	措施项目合计
3	三	C	其他项目清单计价合计	QTXMHJ	其他项目合计	100	100 000.00	其他项目合计
4	四	D	规费	D₁+D₂+D₃+D₄	列入规费的人工费部分+列入规费的现场经费部分+列入规费的企业管理费部分+其他	100	239 501.33	规费
5	1	D₁	列入规费的人工费部分	GF_RGF	人工费中规费	100	140 870.25	
6	2	D₂	列入规费的现场经费部分	GF_XCJF	现场费中规费	100	27 147.67	
7	3	D₃	列入规费的企业管理费部分	GF_QYGLF	企业管理费中规费	100	71 483.41	
8	4	D₄	其他			100	0.00	
9	五	E	税金	A+B+C+D	分部分项工程量清单计价合计+措施项目清单计价合计+其他项目清单计价合计+规费	3.4	154 493.54	税金
10	六	F	含税工程造价	A+B+C+D+E	分部分项工程量清单计价合计+措施项目清单计价合计+其他项目清单计价合计+规费+税金	100	4 698 421.12	合计

图 4-28 "费用汇总"界面

9. 生成电子招标书

1)浏览报表

在导航栏单击【报表】,软件会进入报表界面,选择报表类别为"投标方",如图 4-29 所示。

选择"分部分项工程量清单计价表",显示界面如图 4-30 所示。

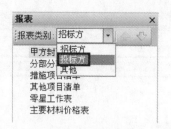

图 4-29　报表界面

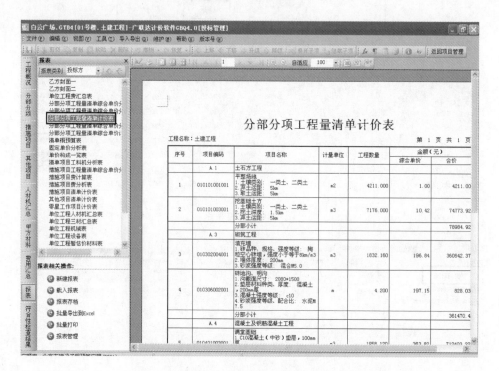

图 4-30　"分部分项工程量清单计价表"界面

2）保存、退出

通过以上操作就完成了土建单位工程的计价工作，单击 [图标]，然后单击 [图标]，回到投标管理主界面。

综上所述，工程量清单计价的流程大致为：导入电子招标书—分部分项工程量清单组价—措施项目清单组价—其他项目清单组价—人材机汇总—设置甲供材料—查看单位工程费用汇总—查看报表—汇总项目总价—生成电子标书。其中，只有步骤2——分部分项工程量清单组价需要进行详细的定额套用及清单组价，其余都会由软件自动生成，或输入一定数据后由软件自动完成。

单元二

工程量清单招标文件解读 <<<

工程量清单是招标文件的重要组成部分,但是投标报价也不能简单理解为清单报价,投标报价必须建立在对招标文件中所有条款和内容的准确理解和把握之上。在此,以宜兴市某大楼室内外装饰工程招标文件为例进行详细解读。

宜兴市××大楼室内装饰工程施工招标招标文件

项目编号:YXS201005018××

项目名称:宜兴市××大楼室内装饰工程

招 标 人

招标代理机构:××工程造价事务所有限公司(盖章)

法定代表人或

其委托代理人:_____(签字或盖章)

日　期:_2016_年_3_月_28_日

经办人:　　　　　(签字)

第一章 招标公告

<u>宜兴市××大楼室内装饰工程招标公告</u>

项目编号：<u>YXS201005018××</u>

1. 招标条件

<u>宜兴市××建设管理服务所</u>的<u>宜兴市××大楼室内装饰工程</u>，已由宜兴市发展和改革委员会批准建设，建设资金来自<u>财政拨款</u>，现已落实。<u>××工程造价事务所有限公司</u>受招标人委托负责本工程的招标事宜。现对该项目的施工进行公开招标。

2. 项目概况与招标范围

2.1 工程规模：<u>建筑面积 890 m²</u>

2.2 结构类型：<u>框架结构</u>

2.3 招标范围：<u>室内装饰</u>

2.4 标段划分：<u>一个标段</u>

2.5 质量要求：<u>合格工程</u>

2.6 计划开竣工日期：<u>2016 年 5 月 12 日计划开工至 2016 年 9 月 30 日计划竣工</u>

2.7 工程地点：<u>宜兴市××路××号</u>

2.8 合同估算价：<u>约 60 万</u>

3. 投标人资格要求

3.1 投标人资质类别和等级：<u>同时具备建筑装修装饰工程专业承包二级及以上和建筑幕墙工程专业承包三级及以上</u>

3.2 投标负责人资质类别和等级：<u>建筑工程专业二级及以上注册建造师</u>

3.3 本次招标 <u>接受</u> 联合体投标。

3.4 本工程采用 <u>资格后审</u> 方法选择合格的投标人参加投标，每位投标人可对上述 <u>1</u> 个标段投标。

4. 资格审查条件

对投标人的资格审查按照苏建招(2006)372 号文件及有关法规文件执行，其中资格审查合格条件为：

(1) 具有独立订立合同的能力；

(2) 未处于被责令停业、投标资格被取消或者财产被接管、冻结和破产状态；

(3) 企业没有因骗取中标或者严重违约以及发生重大工程质量、安全生产事故等问题，被有关部门暂停投标资格并在暂停期内；

(4) 企业和项目负责人的资质类别、等级满足招标公告要求；

(5) 资格审查申请书中的重要内容没有失真或者弄虚作假；

(6) 企业具备安全生产条件，并取得安全许可证，投标项目负责人具备有效的安全生产考核合格证书；

(7) 投标项目负责人无在建工程，且在"在锡执业建造师信用管理系统"中执业状态为"无在建工程"（网址：http://218.90.141.182:81/jgcxy/）；

(8) 投标项目负责人不在承接工程限制期内；

(9) 宜兴市内企业持有无锡市核发（或备案）的有效《江苏省建筑业企业信用管理手册》；

(10) 宜兴市外企业持有××市建管处（或市政处）签署意见的《外市进宜建筑业企业备案登记表》（详见宜

建(2010)128号文件);

(11) 企业持有《宜兴市建设领域民工工资保障金管理手册》;

(12) 符合法律、法规规定的其他条件。

5. 开标时须提交的原件

开标时须提交①企业营业执照;②企业资质证书;③无锡市核发(或备案)的有效《江苏省建筑业企业信用管理手册》(宜兴市内企业)或宜兴市建管处(或市政处)签署意见的《外市进宜建筑业企业备案登记表》(宜兴市外企业);④建造师注册证书及《施工企业项目负责人安全生产考核合格证》B证;⑤安全生产许可证;⑥《宜兴市建设领域民工工资保障金管理手册》;⑦投标人代表(法定代表人或授权委托人和投标项目负责人)的身份证明和开标前三个月的养老保险缴费证明(其中缴费证明必须注明个人代码和身份证号码,以便核查,否则该证明不予认可);⑧法定代表人身份证明;⑨授权委托书;⑩投标保证金票据。

6. 获取招标文件的时间和方法

请注意宜兴市招投标网"招标文件发放公告"。

7. 网上答疑

本工程不集中组织答疑,投标人如有疑问可以通过点击该工程招标公告后在"疑问留言"区以不署名的形式提出,招标人或其委托的招标代理机构解答并形成补遗文件在宜兴市招投标网"答疑公示"区公示。施工企业可以通过阅读宜兴市招投标网"投标人须知专栏",以了解宜兴市政府投资工程招投标的一般规则。

8. 其他

8.1 有不良行为在公示期内被暂停投标资格的投标人不得参加本工程投标。

8.2 投标项目负责人变更工作单位不满三个月的不得参与本工程的投标。

8.3 中标后或施工期间更换的投标项目负责人自更换备案之日起至原合同工期期满之日止,不得参与本工程的投标,如备案之日至原合同工期期满之日不足六个月的,按六个月计算。自行更换未经备案的,按有在建工程处理。

8.4 报名的投标项目负责人如有同时参与其他工程投标的情况,必须在投标文件中说明,如有隐瞒将按有关规定处理。

8.5 投标人应慎重考虑选派一名投标项目负责人同时参加多个工程项目的投标竞争,如投标项目负责人在多个工程项目均中标的,只能按照不同工程项目中标通知书发出的时间先后,担任本企业最先中标项目的投标项目负责人。后确定该企业为中标人的工程项目的招标人将取消其中标资格,并可以没收其投标担保。投标人隐瞒中标项目获取中标的,按弄虚作假骗取中标查处。

8.6 招标人要求提交的原件资料如在年检中或因其他原因无法提供,投标人需提供原件发证部门或年检部门出具的有效书面证明,标明有效期。如证明内容模棱两可、含糊不清或因原件资料在其他地方也要使用等,招标人不予认可。

8.7 对于投标人的不良投标行为,相关行政主管部门将根据宜政发(2008)243号文件《宜兴市招投标市场准入管理暂行办法》作出相应处罚。

9. 发布公告的媒介

9.1 本次招标公告同时在江苏建设工程招标网和宜兴市招投标网上发布。

9.2 本公告发布日期从 2016 年 3 月 28 日至 2016 年 4 月 10 日,本公告为第 一 次发布公告。

10. 评标办法

评标办法详见本公告附件。

附件：宜兴市××大楼室内装饰工程评标办法

一、本工程采用单因素评标办法。

二、评标活动应遵循公平、公正、科学和择优的原则。

三、评标委员会应独立评审，不得采取相互协商、暗示、询问他人等方式影响其他评委评分。

四、无效投标文件一律不予以评审。

五、单因素评标法对技术标部分只作符合性评审，商务标分值为100分。

六、对商务标的评分有最低价法、次低价法和平均价法三种办法，在开标时随机抽取确定其中的一种办法。

七、商务标评审按下列步骤进行：

(1) 在清标过程中要重点比对不同商务标二级子目等内容，如发现存在不该出现雷同情况、改变工程量清单等情况被判定为废标的，不作详细评审；

(2) 除因投标报价高于公布的招标控制价（最高限价）或各工程分部分项费用高于公布的最高限值或措施费低于最低限值等被废标的外，对投标报价进行评审，以判定投标人的报价是否低于成本；

(3) 对经初评确认的有效投标报价按随机抽取确定的评分办法细评。

八、对投标报价进行初步评审，以判定投标人的报价是否低于成本，应当按照下列规定指标予以确定。

（一）分部分项工程费

当各分部分项工程费低于相应的分部分项工程费加权平均值（P_i）规定的限值时，应视为低于成本价。

$$P_i = A_i \times 40\% + B_i \times 60\% \times (100 - K_i)/100$$

其中：A_i 是符合规则的各分部分项工程费报价的算术平均值；B_i 是各分部分项工程费的标底值；K_i 是开标时现场随机抽取的对应于标底值的下浮率的点数（正整数）。

投标人各分部分项工程费报价低于对应的 P_i 规定的限值时（计算结果的小数点保留两位，四舍五入），该投标人的其他分部分项工程费报价仍纳入相应的其他分部分项工程费加权平均值的计算范围。

1. 人工费

(1) 投标人人工费报价低于所有投标人人工费报价算术平均值的5%时，该报价不列入人工费投标报价算术平均值 A_1 的计算范围。

(2) 在上述评审基础上，计算出人工费投标报价算术平均值 A_1。

(3) 以人工费标底总值 B_1 为基数，在开标现场随机抽取确定下浮率的点数 K_1（K_1 在4至8中随机抽取）。在此基础上，计算出人工费加权平均值 P_1。

$$P_1 = A_1 \times 40\% + B_1 \times 60\% \times (100 - K_1)/100$$

当投标人人工费报价相对于 P_1 下浮超过6%时，应视为低于成本价。

2. 材料费

(1) 投标人材料费报价低于所有投标人材料费报价算术平均值的4%时，该报价不列入材料费投标报价算术平均值 A_2 的计算范围。

(2) 在上述评审基础上，计算出材料投标报价算术平均值 A_2。

(3) 以材料费标底总值 B_2 为基数，在开标现场随机抽取确定下浮率的点数 K_2（K_2 在4至8中随机抽取）。在此基础上，计算出材料费加权平均值 P_2。

$$P_2 = A_2 \times 40\% + B_2 \times 60\% \times (100 - K_2)/100$$

当投标人材料费报价相对于 P_2 下浮超过 6% 时,应视为低于成本价。

3. 机械费

(1) 投标人机械费报价低于所有投标人机械费报价算术平均值的 10% 时,该报价不列入机械费投标报价算术平均值 A_3 的计算范围。

(2) 在上述评审基础上,计算出机械费投标报价算术平均值 A_3。

(3) 以机械费标底总值 B_3 为基数,在开标现场随机抽取确定下浮率的点数 K_3(K_3 在 16 至 20 中随机抽取)。在此基础上,计算出机械费加权平均值 P_3。

$$P_3 = A_3 \times 40\% + B_3 \times 60\% \times (100 - K_3)/100$$

当投标人机械费报价相对于 P_3 下浮超过 10% 时,应视为低于成本价。

4. 管理费

(1) 投标人管理费报价低于所有投标人管理费报价算术平均值的 15% 时,该报价不列入管理费投标报价算术平均值 A_4 的计算范围。

(2) 在上述评审基础上,计算出管理费投标报价算术平均值 A_4。

(3) 以管理费标底总值 B_4 为基数,在开标现场随机抽取确定下浮率的点数 K_4(K_4 在 16 至 20 中随机抽取)。在此基础上,计算出管理费加权平均值 P_4。

$$P_4 = A_4 \times 40\% + B_4 \times 60\% \times (100 - K_4)/100$$

当投标人管理费报价相对于 P_4 下浮超过 12% 时,应视为低于成本价。

5. 利润

下限为利润标准等于零,不得采用负利润投标报价。

当投标人的上述五项中的任一投标报价被视为低于成本价的,不得推荐为中标候选人。

(二)措施费

投标人措施费报价不得低于标底值的 70%,否则视为低于成本价。

除安全文明施工费等不可竞争费用外,原则上由投标人根据拟建工程特点、施工方案或施工组织设计,结合自身实际自行确定,但措施项目内容和数量应与技术标书施工组织设计的内容和数量相一致。当采用新方法、新工艺、新材料施工时,应当在投标文件中提供合理的施工方案、内容和数量等分析依据。

(三)不可竞争费、规费和税金

严格按有关规定计算,不得浮动。

九、对经初步评审确认的有效投标文件,按随机抽取确定的一种办法进行详细评审。

1. 平均价法

(1) 评标基准价=所有有效投标报价的算术平均值×$n\%$。其中:n 的取值范围为 97、98、99,在开标会现场当众随机抽取。

(2) 报价等于评标基准价的得满分;比基准价每上浮或下浮 1% 均扣 1 分;不足 1% 的,按照插入法计算(分值保留二位小数)。

(3) 计算错误 1 分(本项目为扣分项目):投标文件出现需评标委员会修正的计算错误,每条扣 0.2 分,最多扣 1 分。

2. 最低价法

(1) 所有有效投标报价中的最低报价得满分。其余报价与之相比每上浮 1% 扣 1 分。不足 1% 的,按照插入法计算(分值保留二位小数)。

（2）计算错误1分(本项目为扣分项目)：投标文件出现需评标委员会修正的计算错误,每条扣0.2分,最多扣1分。

3. 次低价法

（1）所有有效投标报价中的次低价得满分。其余报价与之相比每上浮或下浮1%均扣1分。不足1%的,按照插入法计算(分值保留二位小数)。

（2）计算错误1分(本项目为扣分项目)：投标文件出现需评标委员会修正的计算错误,每条扣0.2分,最多扣1分。

十、汇总技术标和商务标评分结果,按照总得分高低确定不超过3名有排序的合格中标候选人。经评标委员会评审得分最高的投标人为排序第一的合格中标候选人,如得分最高的投标人得分相同时,则投标报价低的投标人为排序第一的合格中标候选人,如投标报价也相同,则抽签确定中标人。

十一、招标人按招标文件规定的定标办法确定中标人,中标人放弃中标、因不可抗力提出不能履行合同,或者招标文件规定应当提交履约保证金而在规定时限内未能提交的,招标人可以确定排序第二的中标候选人为中标人,依此类推。

十二、本办法未尽事宜,由评标委员会依据有关法规研究解决。

十三、本办法由××市招投标监管部门负责解释。

在编制工程量清单计价文件之前,必须再次认真阅读招标文件中的总说明。上述宜兴市××大楼室内装饰工程施工招标文件中的总说明内容如下。

总　说　明

工程名称：宜兴市××大楼室内装饰工程

1. 工程概况：本工程为宜兴市××大楼室内装饰工程。

2. 本工程招标范围：设计施工图纸范围,及以下说明。

（1）所有窗台板、门槛、门套均改为18 mm厚英国棕花岗岩。

（2）所有吊顶石膏装饰线条均取消。

（3）所有墙面砖均不考虑抽槽。

（4）不锈钢饰面板为拉丝面。

（5）木地板为12 mm厚强化实木复合地板。木地板周边踢脚线为100 mm高木质踢脚线。

（6）楼梯饰面改为18 mm厚大花白花岗岩及中国黑花岗岩走边。踏步取消胶合磨边。

（7）室内木门统一为成品模压套装门,含门套、门线(免漆)。

（8）原大餐厅FM1522改为全玻推拉门。与三层大会议门一致。

（9）原设计三层中会议室、大会议室墙面装饰面(木饰面)均取消。

（10）卫生间洗脸台为20 mm厚啡网纹大理石。隔断为18 mm厚沙比利色三聚氰胺板。

（11）办公家具、厨房用具、装饰画、窗帘等均不计入本次招标范围。

（12）走道边固定玻璃窗增加花岗岩窗台板,做法与窗台板一致。

（13）小、中会议室地面改为实木复合地板。

3. 工程量清单编制依据：

（1）建设工程工程量清单计价规范(GB 50500—2008)；

（2）设计图纸；

（3）招标文件；

（4）相关技术规范及要求；

（5）相关补充说明。

4. 工程质量、材料、施工等的特殊要求：

（1）工程质量、材料、施工等均须符合设计图纸、招标文件及国家有关规定；

（2）装饰面、木地板中含所有开孔费用，投标单位自行考虑在投标报价中；

（3）所有焊缝处喷涂红丹防锈漆二遍，银粉漆一遍；

（4）所有涂料、胶水均应达到环保、防霉要求，符合检测标准；

（5）所有吊顶中含所有开孔，投标单位自行考虑开孔导致的孔周围龙骨、吊筋等加强的费用；

（6）地面做防水的房间，按上墙翻边高度已经包含在工程量中；

（7）所有板材均应达到绿色环保要求，符合生产技术标准；

（8）使用无甲醛胶水，达到绿色环保要求，符合生产技术标准；

（9）所有吊顶标高如图纸与现场不符，必须由施工单位先报方案，由业主确认后再施工，无论吊顶高度的增减，综合单价均不做调整；

（10）墙面线槽、线盒、洞口等的修补及贴网格布由投标单位自行考虑在投标报价中；

（11）所有开孔位置及尺寸按安装工程各专业要求实施到位；

（12）做好安装工程中的各类收边等装饰工作；

（13）门槛板两侧地面有落差处均需磨边。

5. 工程质量、材料、施工等的特殊要求：

为了保证工程质量，以下材料的品牌投标人应在下列招标人推荐的三个或五个以上同档次品牌产品中选择，并在投标文件相应承诺表中予以承诺。招标人在推荐品牌后列明型号系列的，承诺时也必须明确到型号系列。投标人必须按上述要求在相应承诺表中进行承诺，否则视为未响应招标文件的实质性要求：

（1）内墙乳胶漆："立邦"（金装全效 18 L）、"虎皇"（LT2004,20 kg）、"多乐士"（A974、20 L、ICI 专业内墙漆 1200）；

（2）木门五金："永固—1678""高力—1619""樱花"；

（3）地弹簧：GMT N-818、皇冠 222、及时妥 222；

（4）纸面石膏板："龙牌""可耐福""拉法基"；

（5）玻璃胶："使你佳""白云""新展"；

（6）墙地砖：

300 mm×450 mm 白色墙砖："兴辉（GLA30300）""利家居（48000）""顺辉（SAP07272）""汇亚（HSYA3000A）""加西亚（IG45000）"；

300 mm×300 mm 防滑地砖："兴辉（GYA10300）""利家居（3368001）""顺辉（SCY029106）""冠珠（35139）""百特（TAY028141）"；

600 mm×600 mm 米黄色玻化地砖："兴辉（HW0615）""利家居（6PB002B）""顺辉（SPJ6850）""汇亚（6SPXF013）""加西亚（GF-6002N）"；

800 mm×800 mm 米黄色玻化地砖："兴辉（HW0815）""利家居（8PB002B）""顺辉（SPJ8850）""汇亚（8PY055）""加西亚（GC8006）"；

600 mm×600 mm 浅色玻化墙砖（加工成 500 mm×600 mm）："兴辉（HW0615）""利家居（6PB002B）""顺辉（SPJ6850）""汇亚（6SPXF013）""加西亚（GF-6002N）"。

（7）实木复合地板:"绿意(EOC 系列)""林昌(L 系列)""圣踏(T-3 系列)"。

6. 垂直运输、场内二次搬运费由投标单位自行考虑在投标报价中,结算时不做调整。

7. 本工程中的改造项目,应考虑拟建工程四周及进场道路的临时围护,请投标单位认真勘查现场,把可能发生的措施费用考虑在投标报价中,结算时不做调整。

8. 本清单中每个项目的工作内容按《建设工程工程量清单计价规范》(GB 50500—2008)、《江苏省建设工程费用定额(2009)》的规定及本清单中的规定执行。计量时,本清单中有规定的按本清单规定执行,本清单中无规定的按清单计价规范及费用定额要求执行。投标人报价时必须充分考虑,结算时不做调整。

9. 其他需说明的问题:

(1) 工程量清单及其计价格式中所有要求签字、盖章的地方,必须由规定的单位和人员签字、盖章;

(2) 工程量清单及其计价格式中的任何内容不得随意删除或涂改;

(3) 工程量清单计价格式中列明的所有需要填报的单价和合价,投标人均应填报,未填报的单价和合价,视为此项费用已包含在工程量清单的其他单价和合价中;

(4) 金额(价格)均应以人民币表示;

(5) 投标人可根据施工组织设计采取的方案相应增加措施项目;

(6) 本清单说明投标时必须附在工程量清单报价单中。

 课后练习

1. 在当地招投标网下载近时间的装饰工程招标文件,仔细阅读招标文件,应用软件编制相应的投标报价资料。

2. 完成第一题后,对照投标控制价找出计算的不同之处,写出不少于 500 字的课程总结。

3. 课程掌握较好的学生结合第一题的报价资料,试着对应招标文件编制投标文件。

题库......................................

一、单选题

1. 一个建设项目往往包含多项能够独立发挥生产能力和工程效益的单项工程,一个单项工程又由多个单位工程组成。这体现了工程造价的(   )特点。

A. 个别性　　　　　　　B. 差异性　　　　　　　C. 层次性　　　　　　　D. 动态性

2. 对工程量清单概念表述不正确的是(   )。

A. 工程量清单是包括工程数量的明细清单　　　　B. 工程量清单包括工程项目相应的单价

C. 工程量清单由招标人提供　　　　　　　　　　D. 工程量清单是招标文件的组成部分

3. 凡定额内未注明单价的材料,基价中均不包括其价格,在编制预算时(   )。

A. 应根据定额的用量,按市场价列入工程预算

B. 应根据定额的用量,按定额编制预算价格列入工程预算

C. 应根据实际的用量,按市场价列入工程预算

D. 应根据实际的用量,按定额编制期预算价格列入工程预算

4. 材料预算价格计算公式为(   )。

A. (供应价×材料及保管费率)+市内运费　　　　B. (供应价+市内运费)×采购及保管费率

C. 供应价×(1+采购及保管费率)+市内运费　　　D. (供应价+市内运费)×(1+采购及保管费率)

5. 工程造价咨询业的首要功能是(   )。

A. 服务功能　　　　　　B. 管理功能　　　　　　C. 审核功能　　　　　　D. 引导功能

6. 根据江苏省清单计价法的规定,(   )不属于措施项目费的内容。

A. 环境保护费　　　　　B. 低值易耗品摊销费　　C. 临时设施费　　　　　D. 脚手架费

7. 预算定额由(   )组织编制、审批并颁发执行。

A. 国家主管部门或其授权机关　　　　　　　　　B. 国家发展与改革委员会

C. 国家技术管理局　　　　　　　　　　　　　　D. 以上均可

8. 劳动定额分为产量定额和时间定额两类。时间定额与产量定额的关系是(   )。

A. 相关关系　　　　　　B. 独立关系　　　　　　C. 正比关系　　　　　　D. 互为倒数

9. 工程造价管理指(   )。

A. 工程造价合理确定和有效控制两个方面　　　　B. 工程造价合理确定

C. 工程造价有效控制　　　　　　　　　　　　　D. 施工企业成本管理

10. 工程造价的特点是(   )。

A. 大额性、可调性、动态性和层次性　　　　　　B. 多样性、单体性、动态性和层次性

C. 多样性、可调性、单体性和动态性　　　　　　D. 大额性、单体性、动态性和层次性

11. 预算定额是按照(   )编制的。

A. 行业平均水平　　　B. 社会平均水平　　　　C. 行业平均先进水平　　　D. 社会平均先进水平

12. 下列费用中不属于社会保障费的是(   )。

A. 养老保险费　　　　B. 失业保险费　　　　　C. 医疗保险费　　　　　　D. 住房公积金

13. 现行的《建设工程工程量清单计价规范》自(   )施行。

A. 2003 年 4 月 1 日　　　B. 2003 年 7 月 1 日　　　C. 2008 年 12 月 1 日　　　D. 2005 年 7 月 1 日

14. 工程量清单应由具有编制招标文件能力的(   )进行编制。

A. 招标人　　　　　　　　　　　　　　　　　　B. 招标人或受其委托具有相应资质的中介机构

C. 具有相应能力的中介机构　　　　　　　　　D. 建设行政主管部门

15. 根据我国现行的工程量清单规范规定,单价采用的是(　　)。

A. 人工费单价　　　　　B. 工料单价　　　　　C. 全费用单价　　　　　D. 综合单价

16. 下列(　　)不属于工程保险。

A. 机器保险　　　　　B. 人身保险　　　　　C. 安装工程一切险　　　　　D. 建筑工程一切险

17. 具备独立施工条件并能形成独立使用功能的建筑物及构筑物的是(　　)。

A. 单项工程　　　　　B. 单位工程　　　　　C. 分部工程　　　　　D. 分项工程

18. 按照工程量清单计价规定,分部分项工程量清单应采用综合单价计价,该综合单价中没有包括的费用是(　　)。

A. 措施费　　　　　B. 管理费　　　　　C. 利润　　　　　D. 材料费

19. (　　)是指施工企业根据本企业的施工技术管理水平以及有关工程造价资料制定的,并供本企业使用的人工、材料和机械台班消耗量。

A. 预算定额　　　　　B. 概算定额　　　　　C. 概算指标　　　　　D. 企业定额

20. 按照建筑安装工程费的组成规定,大型机械设备进出场及安拆费应计入(　　)。

A. 直接工程费　　　　　B. 其他项目费　　　　　C. 施工机械使用费　　　　　D. 措施费

21. 顶棚装饰工程属于下列哪种工程?(　　)。

A. 分部工程　　　　　B. 分项工程　　　　　C. 单位工程　　　　　D. 单项工程

22. 由于每项工程的所处区、地段都不相同,使得工程造价的(　　)更加突出。

A. 大额性　　　　　B. 个别(单体)性　　　　　C. 动态性　　　　　D. 层次性

23. 建设工程费中的税金是指(　　)。

A. 营业税、增值税和教育费附加　　　　　　　B. 营业税、固定资产投资方向调节税和教育费附加

C. 营业税、城乡维护建设税和教育费附加　　　　D. 营业税、教育费附加

24. 施工企业组织施工生产和经营管理所需的费用是指(　　)。

A. 措施费　　　　　B. 规费　　　　　C. 企业管理费　　　　　D. 其他直接费

25. 组成分部工程的元素是(　　)。

A. 单项工程　　　　　B. 建设项目　　　　　C. 单位工程　　　　　D. 分项工程

26. 工程项目建设的正确顺序是(　　)。

A. 设计、决策、施工　　　B. 决策、施工、设计　　　C. 决策、设计、施工　　　D. 设计、施工、决策

27. 初步设计图纸的作用是(　　)。

A. 作为编制可行性研究报告的依据　　　　　　B. 作为编制概算的依据

C. 作为编制投资估算的依据　　　　　　　　　D. 作为编制项目建议书的依据

28. 建筑安装工程施工中工程排污费属于(　　)。

A. 直接工程费　　　　　B. 现场管理费　　　　　C. 规费　　　　　D. 措施费

29. 已完工程及设备保护费属于(　　)。

A. 定额直接费　　　　　B. 临时设施费　　　　　C. 其他项目费　　　　　D. 措施费

30. 分部分项工程量清单项目编码为020303003001,该项目为(　　)工程项目。

A. 楼地面装饰工程　　　B. 天棚装饰工程　　　C. 墙柱面装饰工程　　　D. 门窗装饰工程

31. 下列不属于材料费用的是(　　)。

A. 材料原价　　　　B. 材料运杂费　　　　C. 材料采购保管费　　　　D. 材料二次搬运费

32. 工程造价在整个建设期内处于不确定状态,直至竣工后才能最终确定工程的实际造价,这说明工程造价具有(　　)的特点。

A. 大额性　　　　B. 个别性　　　　C. 动态性　　　　D. 层次性

33. 关于企业管理费说法错误的是(　　)。

A. 可根据企业自身的情况调整取费费率　　　　B. 包括差旅交通费

C. 不包括企业管理人员的养老保险和医疗保险　　　　D. 不包括施工现场管理人员的工资

34. 允许补充预算定额的项目有(　　)。

A. 现场管理费　　　　B. 不完全价格的项目

C. 预算定额中缺项的项目　　　　D. 工程水电费中的项目

35. 下列不是投标形式的一项是(　　)。

A. 评标　　　　B. 开标　　　　C. 中标　　　　D. 招标

36. 建设工程合同是指承包人进行工程的勘察、设计、施工等建设,由发包人支付相应价款的合同。建设工程合同的主体只能是(　　)。

A. 公民个人　　　　B. 设计者　　　　C. 企业领导人　　　　D. 法人

37. 工程造价专业大专毕业,从事工程造价业务工作满(　　)年;工程或工程经济类大专毕业,从事工程造价业务工作满(　　)年,才能申请参加造价工程师执业资格考试。

A. 3,5　　　　B. 5,6　　　　C. 5,5　　　　D. 4,5

38. 工程监理费是指(　　)招标委托工程监理单位实施工程监理的费用。

A. 施工单位　　　　B. 建设单位　　　　C. 质量监督单位　　　　D. 国家有关部门

39. 工程进度款支付时,承包人提交已完工程量报告后,应由(　　)核实并确认。

A. 发包人　　　　B. 发包人代表　　　　C. 监理工程师采集者退散　　　　D. 工程师代表

40. 当事人既约定定金,又约定违约金的,一方违约时,对方可以选择(　　)。

A. 违约金或者定金条款　　　　B. 只能选择定金

C. 只能选择违约金　　　　D. 按违约金和定金成立的先后顺序,选择后者

41. 在建筑业活动中,主要发生的代理形式是(　　)。

A. 无权代理　　　　B. 指定代理　　　　C. 委托代理　　　　D. 法定代理

42. 劳动定额,也称为(　　),是指完成一定数量的合格产品(工程实体或劳务)规定活劳动消耗的数量标准。

A. 产量定额　　　　B. 预算定额　　　　C. 施工定额　　　　D. 人工定额

43. 包工包料的预付款应按合同约定拨付,原则上预付比例不低于合同全额的(　　),不高于合同全额的(　　)。

A. 10%,20%　　　　B. 20%,30%　　　　C. 10%,30%　　　　D. 15%,25%

44. 《建设工程施工合同(示范文本)》规定,发包人供应的材料设备与约定不符时,由(　　)承担所有差价。

A. 承包人　　　　B. 发包人　　　　C. 承包人与发包人共同　　　　D. 承包人与发包人协商

45. 当投标单位在审核工程量时发现工程量清单上的工程量与施工图中的工程量不符,应(　　)。

A. 以工程量清单中的工程量为准

B. 以施工图中的工程量为准

C. 以上面 A、B 两选项的平均值为准

D. 在规定时间内向招标单位提出，经招标单位同意后方可调整

46. 开标应当在招标文件确定的提交投标文件截止时间的(　　)进行。

A. 同一时间公开　　　　B. 单独确定时间公开　　C. 同一时间秘密　　　　D. 一定时间内公开

47.《中华人民共和国招标投标法》关于开标程序的叙述，下列说法正确的有(　　)。

A. 招标人只要通知一定数量投标人参加开标即可

B. 开标地点应当为招标人与投标人商定的地点

C. 开标由招标人主持，邀请所有投标人参加

D. 招标管理机构作为招标活动的发起者和组织者，应当负责开标的举行

48. 预算定额是规定消耗在单位(　　)上的劳动力、材料和机械的数量标准。

A. 分项工程　　　　　　B. 分项工程和结构构件　C. 单位工程　　　　　　D. 分部工程

49. 概算定额是在(　　)基础上编制的。

A. 劳动定额　　　　　　B. 预算定额　　　　　　C. 企业定额　　　　　　D. 施工定额

50. 下列各项指标，不属于投资估算指标内容的是(　　)。

A. 建设项目综合指标　　B. 单位工程指标　　　　C. 单项工程指标　　　　D. 分部分项工程指标

51. 下列不属于间接费的取费基数的是(　　)。

A. 直接费合计　　　　　B. 人工费和机械费合计　C. 人工费合计　　　　　D. 人工费和材料费合计

52. 确定机械台班定额消耗量时，首先应(　　)。

A. 确定机械工作时间的利用率　　　　　　　　　B. 确定机械正常生产率

C. 确定正常的施工条件　　　　　　　　　　　　D. 确定机械正常的生产系数

53. 已知某挖土机挖土的一次正常循环工作时间是 2 min，每循环工作一次挖土 0.5 m³，工作班的延续时间为 8 h，机械正常利用系数为 0.8，则其产量定额为(　　)m³/台班。

A. 300　　　　　　　　　B. 150　　　　　　　　　C. 120　　　　　　　　　D. 96

54. 某工程需采购特种钢材 10 t，出厂价为 5 000 元/t；供销手续费率为 1%，材料运输费为 50 元/t，运输损耗率为 2%，采购及保管费率为 8%，则该特种钢材的预算价为(　　)元。

A. 56 160　　　　　　　B. 54 000　　　　　　　C. 56 000　　　　　　　D. 56 040

55. 在一建筑工地上，驾驶推土机的司机的基本工资和工资性津贴应从(　　)支出。

A. 财务费用　　　　　　B. 企业管理费　　　　　C. 机械台班单价　　　　D. 人工单价

56. 材料采购及保管费，是以(　　)乘以一定费率计算的。

A. 供应价+运输费　　　B. 供应价+运输损耗　　C. 供应价　　　　　　　D. 材料运到工地仓库价格

57. 某种材料价为 145 元/t，不需包装，运输费为 37.28 元/t，运输损耗为 14.87 元/t，采购及保管费率为 2.5%，则该材料预算价格为(　　)元。

A. 201.15　　　　　　　B. 201.71　　　　　　　C. 200.78　　　　　　　D. 202.08

58. 材料预算价格是指材料由其交货地运到(　　)后的价格。

A. 指定地点　　　　　　B. 施工工地　　　　　　C. 施工工地仓库　　　　D. 施工工地仓库出库

59. 在建筑装饰工程中，材料费占总造价的(　　)。

A. 40%～50%　　　　　B. 50%～60%　　　　　C. 60%～70%　　　　　D. 70%～80%

60. 对(　　)而言，施工图预算的目的是控制工程投资、编制工程最高限价和控制合同价格。

A. 设计单位   B. 承包商   C. 业主   D. 工程造价管理部门

61. 编制工程施工图预算的主要依据是（ ）。

A. 预算定额   B. 概算定额   C. 概算指标   D. 施工定额

62. 初级造价员应聘于一个单位可从事（ ）万元人民币以下与其专业水平相符合的工程造价业务。

A. 500   B. 5 000   C. 1 500   D. 3 500

63. 项目编码采用十二位阿拉伯数字表示，其中（ ）为分部工程顺序码。

A. 一、二位   B. 五、六位   C. 七、八位   D. 十至十二位

64. 在理解工程量清单的概念时，首先应注意到工程量清单是由（ ）提供的文件。

A. 工程造价中介机构   B. 工程招标代理机构   C. 招标人   D. 投标人

65. 不平衡报价法又称（ ）。

A. 先盈后亏法   B. 前重后轻法   C. 突然降价法   D. 增加建议法

66. 对于可撤销的建设工程施工合同，当事人有权请求（ ）撤销该合同。

A. 建设行政主管部门   B. 合同管理部门   C. 人民法院   D. 工商行政管理部门

67. 分部分项工程量清单项目编码为04040300300，该项目为（ ）项目。

A. 装饰装修工程   B. 建筑工程   C. 安装工程   D. 市政工程

68. 建设项目总承包商将部分项目分包给专业企业时，下列说法正确的是（ ）。

A. 分包合同与总包合同的约定应当一致

B. 分包合同应当比总包合同的约定适当放松

C. 应当根据专业特点和企业状况约定分包合同条款

D. 应当参照行业状况约定分包合同条款

69. 充分发挥工程价格作用的主要障碍是（ ）。

A. 工程造价信息的封闭   B. 投资主体责任制尚未完全形成

C. 传统的观念和旧的体制束缚   D. 工程造价与流通领域的价格联系被割断

70. 建设项目的实际造价为（ ）。

A. 中标价   B. 承包合同价   C. 竣工决算价   D. 竣工结算价

71. 我国工程造价管理改革的目标是（ ）。

A. 逐渐可不执行国家计价定额   B. 加强政府管理职能

C. 建立以市场形成价格为主的价格机制   D. 制订统一的预算定额

72. 造价工程师注册的有效期为（ ）年。

A. 5   B. 1   C. 2   D. 3

73. 从事建筑工程活动的人员，要通过国家任职资格考试、考核，由建设行政主管部门（ ）并颁发资格证书。

A. 审批   B. 注册   C. 登记   D. 备案

74. 工程担保的基本功能有（ ）。

A. 保质保量按时竣工   B. 多、快、好、省完成任务

C. 保证合同履约、保障债权的实现   D. 风险转移

75. 预算定额中，门窗油漆工程量的计量单位是（ ）。

A. 框外围面积   B. 洞口面积   C. 樘   D. 展开面积

76. 下列不属于合同法中规定合同的形式的是( )。

A. 书面形式　　　　　B. 证人形式　　　　　C. 口头形式　　　　　D. 其他形式

77. 下列不属于承发包模式的是( )。

A. 设计施工一揽子承包　　　　　　　　　B. 工程项目总承包管理

C. 设计或施工总分包　　　　　　　　　　D. 设计或施工转包

78. 工人在夜间施工导致的施工降效费用应属于( )。

A. 直接工程费　　　　　B. 措施费　　　　　C. 规费　　　　　D. 企业管理费

79. 以下不是施工合同的特点的是( )。

A. 合同标的的特殊性　　　　　　　　　　B. 合同履行期限的长期性

C. 合同监督的严格性　　　　　　　　　　D. 合同内容的单一性

80. 已知某装饰工程直接工程费为 500 万元,其中人工、材料、机械之比为 3:5:2;措施费为 120 万元,其中人工、材料、机械之比为 2:2:1,若该类工程以人工费为计算基础的间接费费率为 80%,则该装饰工程的间接费为( )万元。

A. 480　　　　　B. 400　　　　　C. 120　　　　　D. 158.4

81. 劳动消耗定额的主要表现形式是( )。

A. 数量定额和质量定额　　　　　　　　　B. 数量定额和时间定额

C. 时间定额和产量定额　　　　　　　　　D. 产量定额和质量定额

82. 工程定额的系统性表现在( )。

A. 工程建设定额和生产力发展水平相适应

B. 工程建设定额管理在理论、方法和手段上适应现代科学技术的需要

C. 工程建设定额按照统一的原则制定

D. 工程建设定额是由多种定额结合而成的有机整体

83. 下列各项中不属于国家定价形式的是( )。

A. 设计概算　　　　　B. 预算包干价格　　　　　C. 工程费用签证　　　　　D. 施工图预算

84. 抹灰工在抹灰时拔掉遗留在墙上的钉子,则该时间应属于( )。

A. 多余工作时间　　　　　B. 偶然工作时间　　　　　C. 必须消耗的时间　　　　　D. 基本工作时间

85. 在各种计时观察法中,最准确、完善,精度最高的应该是( )。

A. 选择法测时　　　　　B. 接续法测时　　　　　C. 写实记录法　　　　　D. 工作日写实法

86. 适用换算法计算预算定额材料消耗量的是( )。

A. 涂料　　　　　B. 防水卷材　　　　　C. 门窗制作用板料　　　　　D. 某强度等级的混凝土

87. 工程量清单所体现的核心内容是( )。

A. 分项工程项目名称及其相应数量　　　　B. 工程量计算规则

C. 工程量清单的标准格式　　　　　　　　D. 工程量清单的计量单位

88. 关于措施项目费的构成,下列描述中错误的是( )。

A. 投标人应根据措施项目清单中列示的项目名称和工程量计算措施项目费

B. 措施项目费均为合价

C. 措施项目费由人工费、材料费、机械费、管理费、利润等组成,并考虑风险费用

D. 措施项目费的构成与分部分项工程单价构成类似

89. 在分部分项工程量清单计价表中,对于招标人自行采购材料的价款,正确的处理方式为( )。

A.分部分项工程量清单的综合单价包括招标人自行采购材料的价款

B.分部分项工程量清单的综合单价不包括招标人自行采购材料的价款,但应考虑对管理费、利润的影响

C.分部分项工程量清单的综合单价不包括招标人自行采购材料的价款,但应考虑对管理费、利润、税金的影响

D.分部分项工程量清单的综合单价不包括招标人自行采购材料的价款,也不考虑对管理费、利润的影响

90. 有关工艺技术选择的原则,下列表述不正确的是( )。

A.先进性   B.安全性   C.通用性   D.可靠性

91. 采用限额设计进行施工图设计应把握的标准是( )。

A.质量标准和进度标准   B.质量标准和造价标准

C.造价标准和进度标准   D.设计标准和造价标准

92. 通常所说的建设项目竣工验收,指的是( )。

A.单位工程验收   B.单项工程验收   C.交工验收   D.动用验收

93. 对于按图竣工没有变动的,应由( )在原施工图上加盖"竣工图"标志后,即作为竣工图。

A.发包人   B.承包人   C.发包人代表   D.工程师

94. 地砖规格为 200 mm×200 mm,灰缝 1 mm,其损耗率为 1.5%,则 100 m² 地面地砖消耗量为( )块。

A.2 475   B.2 513   C.2 500   D.2 462.5

95. 发包人要求承包人完成的合同外发生的用工等,需经发包方现场工程师签字认可后实施,费用按照( )计价。

A.分部分项工程项目   B.措施项目   C.其他项目   D.零星项目

96. 某工程有独立设计的施工图纸和施工组织设计,但建成后不能独立发挥生产能力,此工程应属于( )。

A.分部分项工程   B.单项工程   C.分项工程   D.单位工程

97. 对工程量清单概念表述不正确的是( )。

A.工程量清单是包括工程数量的明细清单   B.工程量清单也包括工程数量相应的单价

C.工程量清单由招标人提供   D.工程量清单是招标文件的组成部分

98. 采用工程量清单计价,规费计取的基数是( )。

A.分部分项工程费   B.人工费

C.人工费＋机械费   D.分部分项工程费＋措施项目费＋其他项目费

99. 当投标单位在审核工程量时发现工程量清单上的工程量与施工图中的工程量不符时,应( )。

A.以工程量清单中的工程量为准

B.以施工图中的工程量为准

C.以上面 A、B 两者的平均值为准

D.在规定时间内向招标单位提出,经招标单位同意后方可调整

二、多选题

1. 下列工程中,属于单位工程的是( )。

A.安装工程   B.玻璃幕墙工程   C.智能工程

D.土建工程   E.电梯工程

2. 工程造价的计价特点是( )。

A.单件性计价   B.复杂性计价   C.多次性计价

D. 按工程构成的分部组合计价　　　E. 均衡性计价

3. 下列属于计价性定额的有（　　　　　）。

A. 施工定额　　　　　　　　B. 预算定额　　　　　　　　C. 概算定额

D. 概算指标　　　　　　　　E. 投资估算指标

4. 措施费是指为完成工程项目施工,发生于该工程施工前和施工过程中非工程实体项目的费用,以下费用属于措施费的有（　　　　　）。

A. 临时设施费　　　　　　　B. 二次搬运费　　　　　　　C. 工具用具使用费

D. 文明施工费　　　　　　　E. 财产保险费

5. 凡是建设工程招标投标实行工程量清单计价,不论招标主体是政府机构、国有企事业单位、集体单位、私人企业和外商投资企业,也就是资金来源于（　　　　　）等都应遵守本规范。

A. 国有资金　　　　　　　　B. 外国政府贷款及援助资金　　　C. 集体资金

D. 合股资金　　　　　　　　E. 私人资金

6. 分部分项工程量清单由（　　　　　）组成。

A. 清单编码　　　　　　　　B. 项目名称　　　　　　　　C. 特征描述

D. 综合单价　　　　　　　　E. 工程量计算表

7. 按照定额的不同用途分类,可以把工程建设定额分为（　　　　　）。

A. 施工定额　　　　　　　　B. 预算定额　　　　　　　　C. 概算定额

D. 工期定额　　　　　　　　E. 机械台班定额　　　　　　F. 投资估算指标

8. 下列运费中属于材料费的有（　　　　　）。

A. 材料二次运费　　　　　　B. 材料出厂价　　　　　　　C. 材料运杂费

D. 供电贴费　　　　　　　　E. 检验试验费

9. 税金是指国家税法规定的应记入建筑安装工程造价内的营业税、（　　　　　）。

A. 印花税　　　　　　　　　B. 城市维护建设税　　　　　　C. 教育费附加

D. 土地使用税　　　　　　　E. 房产税

10. 以下费用中,属于措施费的有（　　　　　）。

A. 工具用具使用费　　　　　B. 脚手架费　　　　　　　　C. 施工排水、降水费

D. 材料运输费　　　　　　　E. 环境保护费

11. 按照定额的专业性质划分,可以将工程建设定额划分为（　　　　　）。

A. 全国通用定额　　　　　　B. 地区统一定额　　　　　　C. 行业通用定额

D. 企业定额　　　　　　　　E. 专业专用定额

12. 下列内容中属于措施项目中通用项目的是（　　　　　）。

A. 垂直运输机械　　　　　　B. 二次搬运　　　　　　　　C. 现场施工围栏

D. 脚手架　　　　　　　　　E. 已完工程及设备保护

13. 工程建设定额具有（　　　　　）的特征。

A. 计划性　　　　　　　　　B. 科学性　　　　　　　　　C. 系统性

D. 强制性　　　　　　　　　E. 时效性

14. 施工定额的作用表现在（　　　　　）。

A. 是企业计划管理的依据

B.是企业提高劳动生产率的手段

C.是企业计算工人劳动报酬的依据

D.是编制施工预算、加强企业成本管理的基础

E.是企业组织和指挥施工生产的有效工具

15. 工程造价的特殊职能表现在（　　　　　　）。

A.预测职能 　　　　　　B.控制职能 　　　　　　C.评价职能

D.监督职能 　　　　　　E.调控职能

16. 江苏省规定实行工程量清单计价工程项目,不可竞争费包括（　　　　　）。

A.现场安全文明施工措施 　　　　B.环境保护费 　　　　C.工程定额测定费

D.劳动保险费 　　　　　　E.税金

17.《建设工程工程量清单计价规范》的特点是（　　　　　）。

A.强制性 　　　　　　　B.市场性 　　　　　　　C.实用性

D.竞争性 　　　　　　　E.通用性

18. 确定定额时,工人工作必须消耗的时间包括（　　　　　）。

A.不可避免的中断时间 　　　　B.违反劳动纪律的损失时间 　　　C.基本工作时间

D.施工本身造成的停工时间 　　　E.辅助工作时间

19. 施工图预算的编制依据有（　　　　　）。

A.工程量清单 　　　　　B.施工图纸及说明 　　　　　C.定额及费用标准

D.工程合同或协议 　　　　E.建安工程费用定额

20. 下列费用中属于规费的是（　　　　　）。

A.养老保险费 　　　　　B.失业保险费 　　　　　C.医疗保险费

D.危险作业意外伤害保险费 　　　E.劳动保险费

21. 常用的投标报价技巧有（　　　　　）。

A.不平衡报价法 　　　　B.多方案报价法 　　　　C.突然降价法

D.低价中标法 　　　　　E.精简工程量法

22. 工程量清单计价方法的作用是（　　　　　）。

A.有利于提高工程计价效率,能真正实现快速报价

B.有利于业主对投资的控制

C.满足市场经济条件下竞争的需要

D.有利于国家对建设工程造价的宏观调控

E.有利于中标企业精心组织施工,控制成本,充分体现本企业的管理优势

23. 招标人对投标人必须进行的审查有（　　　　　）。

A.资质条件 　　　　　　B.业绩 　　　　　　　C.信誉

D.技术 　　　　　　　E.资金

24. 江苏省依据《建设工程工程量清单计价规范》编制的计价表的作用是（　　　　　）。

A.企业内部核算、制定企业定额的参考依据

B.指导招投标工程编制工程标底、投标报价和审核工程结算

C.国有建设投资项目编制和审核工程造价的依据

D.编制建筑工程概算定额的依据

E.建设行政主管部门调解工程造价纠纷、合理确定工程造价的依据

25. 工程预算定额的作用包括(　　　　)。

A.是编制概算指标的依据

B.是施工企业编制施工计划,确定劳动力、材料、机械台班需要量计划和统计完成工程量的依据

C.是扩大初步设计阶段编制设计概算和技术设计阶段编制修正概算的依据

D.是建设单位拨付工程价款、建设资金和编制竣工结算的依据

E.是编制施工图预算、确定工程造价的依据

26. 注册造价工程师享有的权利是(　　　　)。

A.使用注册造价工程师名称

B.依法独立执行工程造价业务

C.在本人执业活动中形成的工程造价成果文件上签字并加盖执业印章

D.发起设立工程造价咨询企业

E.与当事人有利害关系的,应当主动回避

27. 下列属于建筑法律制度的是(　　　　)。

A.建筑工程许可制度　　　　B.税收法律制度　　　　C.建筑工程监理制度

D.建筑安全生产管理制度　　　E.建设工程发包与承包制度

28. 招标单位在发布招标公告或发出投标邀请书的5日前,应向工程所在地县级市以上地方人民政府建设行政主管部门备案,并报送(　　　　)。

A.招标公告副本

B.有关规定要求的专业技术人员的名单、职称证书或者执业资格证书及其工作经历等的证明材料

C.法律、法规、规章规定的其他材料

D.招标单位资金情况证明材料

E.按照国家有关规定办理审批手续的各项批准文件

29. 直接工程费是指施工过程中耗费的构成工程实体的各项费用,包括(　　　　)。

A.企业管理费　　　　　B.人工费　　　　　C.措施费

D.材料费　　　　　　　E.施工机械使用费

30. 下列为建筑与装饰工程计价表中的章节名称,属于装饰工程的有(　　　　)。

A.天棚工程　　　　　B.木结构工程　　　　C.门窗工程

D.墙柱面工程　　　　E.金属结构工程

31. 江苏省依法必须招标的建设工程项目规模标准为(　　　　)。

A.勘察、设计、监理等服务的采购,单项合同估算价在30万元人民币以上的

B.施工合同估算价在100万元人民币以上或者建筑面积在2 000 m² 以上的

C.重要设备和材料等货物的采购,单项合同估算价在50万元人民币以上的

D.总投资在2 000万元人民币以上的

E.政府投资、融资金额在50万元以上的

32. 下列关于工程建设项目招标范围划分正确的选项有(　　　　)。

A. 大型基础设施、公用事业等关系社会公共利益、公众安全的项目

B. 个人投资的生产性项目

C. 外商投资的生产性项目

D. 全部或者部分使用国有资金投资或者国家融资的项目

E. 使用国际组织或者外国政府资金的项目

33. 规费是指政府和有关权力部门规定必须缴纳的费用。下面费用中（　　　　）属于规费的项目。

A. 税金　　　　　B. 工会经费　　　　　C. 危险作业意外伤害保险

D. 住房公积金　　　　　E. 工程排污费

34. 工程造价计价依据必须满足的要求有（　　　　）。

A. 定性描述清晰，便于正确利用　　　　　B. 可信度高，有权威性

C. 准确可靠，符合实际　　　　　D. 定量描述清晰，便于正确利用

E. 数据化表达，便于计算

35. 下列论述不正确的有（　　　　）。

A. 无效投标文件一律不予以评审

B. 投标文件要提供电子光盘

C. 投标人的投标报价不得高于招标控制价(最高限价)

D. 中标人在收到中标通知书后，如有特殊理由可以拒签合同协议书

E. 逾期送达的或者未送达指定地点的投标文件，招标人可视情况认定其是否有效

36. 工程预算定额的编制依据包括（　　　　）。

A. 推广的新技术、新结构、新材料、新工艺

B. 选择的典型工程施工图和其他有关资料

C. 现行的设计规范、施工验收规范、质量评定标准和安全操作规程

D. 全国统一劳动定额、全国统一基础定额

E. 人工工资标准、材料预算价格和机械台班预算价格

37. 编制预算定额的原则包括（　　　　）。

A. 社会平均水平的原则　　　B. 先进性原则　　　C. 简明实用原则

D. 独立自主原则　　　E. 普遍性原则　　　F. 随实际情况变化原则

38. 评标活动应遵循的原则是（　　　　）。

A. 公开　　　　　B. 公正　　　　　C. 低价

D. 科学　　　　　E. 择优

39. 施工图预算书的封面内容包括（　　　　）。

A. 工程造价和单位造价　　　B. 审核者和编制者　　　C. 审核地点和编制地点

D. 编制日期　　　E. 建设单位和施工单位

40. 在施工图预算的编制过程中，准备工作阶段的工作内容主要有（　　　　）。

A. 熟悉图纸和预算定额　　　B. 编制工料分析表　　　C. 组织准备

D. 资料收集　　　E. 现场情况的调查

41. 由建设行政主管部门根据合理的施工组织设计，按照正常施工条件下制定的、生产一个规定计量单位

工程合格产品所需(　　　　　)的社会平均消耗量,称为消耗量定额。

    A.人工   B.材料   C.机械台班

    D.管理费   E.利润

42. 临时设施费用内容包括(　　　　　)等费用。

    A.临时设施的搭设   B.照明设施的搭设   C.临时设施的维修

    D.临时设施的拆除   E.摊销

43. 工程建设定额包括多种定额,可以按照不同的原则和方法对它进行科学的分类。其按适用目的可分为(　　　　　)等。

    A.建筑工程定额   B.建筑安装工程费用定额   C.设备安装工程定额、工器具定额

    D.工程建设其他费用定额   E.施工定额

44.《建设工程工程量清单计价规范》的特点主要包括(　　　　　)。

    A.强制性   B.竞争性   C.合理性

    D.实用性   E.通用性

45. 工程量清单应采用统一格式。由封面、(　　)、(　　)、分部分项工程量清单、措施项目清单、其他项目清单、零星项目清单、(　　)组成。

    A.填表须知   B.总说明   C.分部分项工程量清单综合单价分析表

    D.甲供材料表   E.综合费用计算表

46.《中华人民共和国担保法》中规定的担保方式有(　　　　　)。

    A.保证   B.书面   C.抵押和质押

    D.留置和定金   E.口头

47. 施工合同中的索赔及其争议的处理方法有(　　　　　)。

    A.协商谈判   B.中间人谈判   C.邀请中间人调解

    D.向仲裁机构申请仲裁   E.行政机关裁决

48. 分部分项工程量清单中,计量单位应取整数的有(　　　　　)。

    A.m   B.t   C.个

    D.延长米   E.项

49. 我国的法律形式具体包括(　　　　　)。

    A.主管部门的文件   B.行政法规   C.宪法、法律

    D.地方性法规   E.行政规章

50. 建设工程分类有多种形式,按建设工程性质可分为(　　　　　)。

    A.分部工程   B.新建工程   C.单位工程

    D.改建工程   E.扩建工程

三、案例题

1. 根据表1提供的子目名称及做法,请按04计价表填写所列子目的计价表编号、综合单价及合价,具体做法与计价表不同的,综合单价需要换算。(人工工资单价、管理费费率、利润费率等未作说明的按计价表子目不做调整,项目未注明者均位于一至六层楼之间)

表1 题1表

序号	计价表编号	子目名称及做法	单位	数量	综合单价(列简要计算过程)/元	合价/元
1		铺设木楞及毛地板(楞木按计价表规定),用1:2厚40 mm水泥砂浆坞龙骨	10 m²	4.8		
2		装饰二级企业施工复杂弧形台阶水泥砂浆贴花岗岩(弧长共20 m,损耗不考虑)	10 m²	2		
3		装饰三级企业施工在第十五层木龙骨纸面石膏板天棚上钉成品木装饰条60 mm宽	100 m	0.8		
4		有腰带纱窗单扇玻璃窗框制作(框断面75×150双截口)	10 m²	2.4		
5		室内净高小于5 m钉隔断脚手架	10 m²	2.5		
6		弧形地砖45°倒角磨边抛光	10 m	1		

2. 某市一学院舞蹈教室,木地板楼面,木龙骨与现浇楼板用M8×80膨胀螺栓固定@400 mm×800 mm,不设木垫块,做法如图1所示,面积328 m²。硬木踢脚线设计长90 m,毛料断面120 mm×20 mm,钉在砖墙上,润油粉、刮泥子、聚氨酯清漆三遍。请按清单计价规范和计价表规定,编制该教室木地板楼面工程的分部分项工程工程量清单及其相应的综合单价。(未作说明的按计价表规定不做调整)

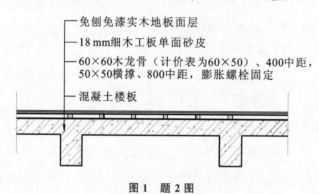

图1 题2图

分部分项工程工程量清单

序号	项目编码	项目名称	项目特征	单位	数量(列简要计算过程)

套用计价表子目综合单价计算表

计价表编号	子目名称	单位	数量	综合单价(列简要计算过程)/元	合价/元
小计					
小计					

分部分项工程量清单综合单价

项目编码	项目名称	计量单位	计算公式	综合单价/元

3. 某室内大厅大理石楼面由装饰一级企业施工,做法:20 mm 厚 1:3 水泥砂浆找平,8 mm 厚 1:1 水泥砂浆粘贴大理石面层,贴好后酸洗打蜡。人工 50 元/工日,红色大理石 700 元/m²(图案由规格 500 mm×500 mm 石材做成),其余材料价格按照计价表,沿红色大理石边缘四周镶嵌 2 mm×15 mm 铜条(计入红色大理石清单项目综合单价中),如图 2 所示。

(1)按照计价表有关规定列项计算工程量;

(2)按照清单计价规范要求列项计算清单工程量,并描述项目特征;

(3)进行红色图案大理石楼地面分部分项工程清单综合单价计算。

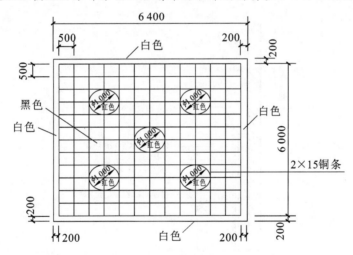

图 2　题 3 图

根据计价表计算规则计算工程量

序号	项目名称	计算公式	计量单位	工程量
1	楼面水泥砂浆贴大理石(白)			
2	楼面水泥砂浆普通镶贴大理石(黑)			
3	楼面水泥砂浆复杂镶贴大理石			

分部分项工程量清单

序号	项目编码	项目名称	项目特征	计量单位	工程数量
1					
2					
3					
4					

红色图案大理石楼地面分部分项工程清单综合单价计算表

计价表编号	项目名称	单位	数量	单价计算	合价/元
合计					
综合单价					

4. 某单位二楼会议室内的一面墙做 2 100 mm 高的凹凸木墙裙,墙裙的木龙骨(包括踢脚线)截面为 30 mm× 50 mm,间距 350 mm×350 mm,木楞与主墙用木针固定,该木墙裙长 12 m,采用双层多层夹板基层(杨木芯十二厘板),其中底层多层夹板满铺,二层多层夹板面积为 12 m²,在凹凸面层贴普通切片板,面积 23.4 m²(不含踢脚线部分),其中斜拼 12 m²。踢脚线用厚度为 12 mm 细木工板基层,面层贴普通切片板。油漆:润油粉二遍,刮泥子,漆片硝基清漆,磨退出亮,如图 3 所示。50 mm×70 mm 压顶线 18 元/m,其他材料价格按 04 计价表。根据已知条件,请用计价表的方式计算该工程的分部分项工程费和措施项目费(人工工资单价、管理费、利润按 04 计价表子目不做调整,措施费仅计算脚手架与垂直运输费)。

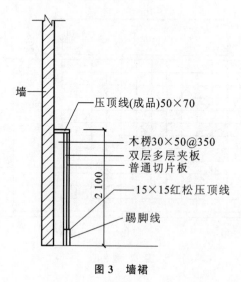

墙

压顶线(成品)50×70

木楞30×50@350
双层多层夹板
普通切片板

2 100

15×15红松压顶线

踢脚线

图 3　墙裙

工程量计算表

序号	项目名称	计算公式	计量单位	工程量
1				
2				
3				
4				
5				
6				
7				
8				

分部分项工程费

计价表编号	项目名称	单位	数量	综合单价计算式	综合单价	合价

措施项目费

计价表编号	项目名称	单位	数量	综合单价计算式	综合单价	合价

5. 某单位单独施工外墙铝合金隐框玻璃幕墙工程,室内地坪标高为±0.00,该工程的室内外高差为 1 m,主料采用 180 系列(180 mm×50 mm)、边框料 180 mm×35 mm,5 mm 厚真空镀膜玻璃,①断面铝材综合重量 8.82 kg/m;②断面铝材综合重量 6.12 kg/m;③断面铝材综合重量 4.00 kg/m;④断面铝材综合重量 3.02 kg/m,顶端采用 8K 不锈钢镜面板厚 1.5 mm 封边(见图 4),不考虑窗用五金,不考虑侧边与下边的封边处理。自然层连接仅考虑一层。合同人工 50 元/工日,管理费 48%,利润 15%,材料单价按计价表单价执行(封边处理及幕墙与建筑物自然层连接部分的造价含在幕墙的综合单价内)。请按有关规定和已知条件对该工程的综合单价及分部分项工程费进行审核。将错误的部分删除,在下一行对应的空格处给出正确解答即可,漏项的部分可以增加,原来正确的部分不需要重复抄写。

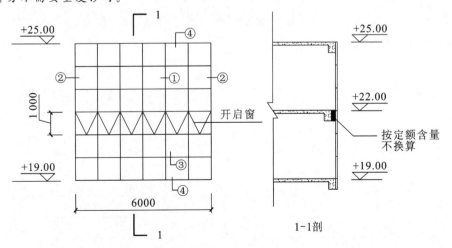

图 4　题 5 图

工程量计算表

序号	项目名称	单位	计算式	工程量
1	铝合金隐框玻璃幕墙	m²	5×6	30.000
2	幕墙与建筑物的自然层连接	m²	5×1.2	6.000
3	幕墙与建筑物的顶端不锈钢镜面板封边	m²	0.5×5	2.500
4	铝材量	kg	(6×5×8.82+6×2×6.12+5×4×5+5×3.02)/3	151.047

分部分项工程综合单价分析表

定额编号	项目名称	单位	工程量	单价计算式	单价/元	合价/元

分部分项工程量清单计价表

序号	项目编码	项目名称	单位	工程数量	综合单价/元	合价/元
1	10210001001	带骨架幕墙	m²	30	725.61	21 768.24

6. 某综合楼会议室，室内净高 4.2 m，500 mm×500 mm 钢筋混凝土柱，200 mm 厚空心砖墙，天棚做法除下图所示外，中央 9 mm 厚波纹玻璃平顶及其配套的不锈钢吊杆、吊挂件、龙骨等暂按 450 元/m² 综合单价计价，其他部位天棚为 φ8 吊筋(0.395 kg/m)，双层装配式 U 型(不上人)轻钢龙骨(间距 500 mm×500 mm)，纸面石膏板面层，不考虑自粘胶带，刷乳胶漆两遍，回光灯槽按计价表执行，天棚顶四周做石膏装饰线 150 mm×50 mm，单价 12 元/m。人工工资、材料费(除石膏装饰线外)、机械费、管理费、利润按计价表子目不做调整，其他材料价格、做法同计价表，措施费仅考虑脚手架。其他项目费中安全文明施工措施费基本费费率为 0.8%，考评费费率为 0.5%，不考虑奖励费。劳动保险费率为 1.2%，定额测定费率为 0.1%，安全监督费不计取，税金为 3.44%。请根据已知条件，对该天棚吊顶工程造价进行审核，将错误的部分删去，在下一行对应空格处给出正确解答，原正确的部分不需要重复抄写。

工程量计算表

项目名称	工程量计算方式	单位	数量
U 型轻钢龙骨	10.6×6.5	m²	68.9
9 厚波纹玻璃吊顶	3.9×2.2	m²	8.58
吊筋 L=500	1.5×(10.6+3.5)×2	m²	42.3
吊筋 L=250	1.8×(5.8+1.7)×2	m²	27
12 厚纸面石膏板面层	68.9−8.58	m²	60.32
回光灯槽	(7.6+0.1+3.5+0.1)×2	m	22.6
乳胶漆	60.32×1.1	m²	66.35
150×50 石膏阴角线	(10.6+6.5)×2	m	34.2

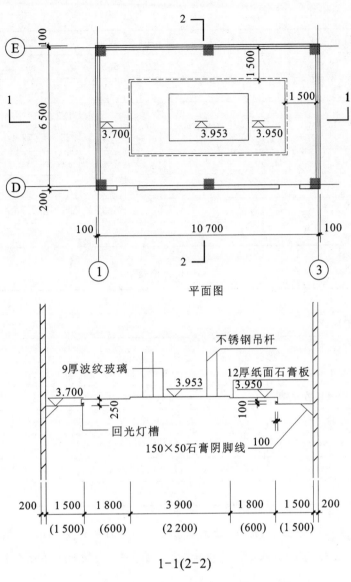

图 5 题 6 图

分部分项工程量清单综合单价计算

项目编码	项目名称	计价表编号	子目名称	单位	数量	综合单价/元	合价/元
020302001001	天棚吊顶			m²	68.9	129.51	8 923.13
		14-10	U型龙骨	10 m²	6.89	370.97	2 555.98
		暂定价	9厚波纹玻璃吊顶	m²	8.58	450	3 861
		14-42换	吊筋 $L=500$	10 m²	4.23	$10.48+(38.73-2.5\times0.04\times2.8)+2.62+1.26=52.81$	223.39
		14-42换	吊筋 $L=250$	10 m²	2.7	$10.48+38.73-5\times0.04\times2.8+2.62+1.26=52.53$	141.83
		14-55	12厚纸面石膏板面层	10 m²	6.032	225.27	1 358.83

续表

项目编码	项目名称	计价表编号	子目名称	单位	数量	综合单价/元	合价/元
		16-311	乳胶漆	10 m²	6.64	36.93	245.22
		17-34	150×50 石膏阴角线	100 m	0.34	1 122.56－（954.8－110×12）× 1.25＝1 579.06	536.88
000101009	脚手架			项	1		435.65
		19-8	满堂脚手架	10 m²	6.89	63.23	435.65

工程造价计价表

序号	费用名称		计算公式	金额/元
一	分部分项工程费			8 923.13
二	措施项目费			435.65
三	其他项目费	安全文明措施基本费	（8 923.13＋435.65）×0.8％	74.87
		安全文明措施考评费	（8 923.13＋435.65）×0.5％	46.79
四	规费	定额测定费	（8 923.13＋435.65）×0.1％	9.36
		劳动保险费	（8 923.13＋435.65＋74.87）×1.2％	113.2
五	税金		（8 923.13＋435.65＋74.87＋46.79＋9.36＋113.2）×3.5％	336.11
六	工程造价			9 939.11

7. 根据下表提供的子目名称及做法，按 04 计价表填写所列子目的计价表编号、综合单价及合价，具体做法与计价表不同的，综合单价需要换算。（人工工资单价、管理费费率、利润费率等未作说明的按计价表子目不做调整，项目未注明者均位于一至六层楼之间）

序号	计价表编号	子目名称及做法	单位	数量	综合单价（列简要计算过程）/元	合价/元
1		楼面干硬性水泥砂浆粘贴 600×600 地砖	10 m²	3.6		
2		水泥砂浆粘贴花岗岩门套（底层 1∶3 水泥砂浆 12 mm 厚，黏结层 1∶2 水泥砂浆 8 mm 厚）	10 m²	2.2		
3		木龙骨吊在砼楼板下（面层规格 300×300，木吊筋高 400 mm，断面 50×40；主龙骨断面 55×45，间距 600 mm；中龙骨断面 55×45，间距 600 mm）	100 m	3.2		
4		在第十层轻钢龙骨纸面石膏板天棚上钉 30 mm 成品木装饰线条	10 m²	12.3		
5		银白色双扇不带亮推拉窗制作安装（外框尺寸 1 450×1 150，90 系列 1.5 mm 厚）	10 m²	2.5		

续表

序号	计价表编号	子目名称及做法	单位	数量	综合单价 (列简要计算过程)/元	合价/元
6		花岗岩石材墙面锯缝并嵌 2×15 弧形铜条(铜条单价 5 元/m)	10 m	5.1		
7		装饰二级施工企业在墙面上用钢骨架干挂花岗岩板(密缝,人工单价 60 元/工日)	10 m²	1.5		

8. 某餐厅楼梯栏杆如图 6 所示。采用型钢栏杆,成品榉木扶手。设计要求栏杆 25 mm×25 mm 方管与楼梯用 M8×80 膨胀螺栓连接。木扶手漆聚酯哑光漆三遍。型钢栏杆防锈漆一遍,黑色调和漆三遍。装饰单位二级资质,人工按 60 元/工日计算,成品榉木扶手价格 85 元/m,其余材料价格按照计价表。

(注:25 mm×4 mm 扁钢 0.79 kg/m,25 mm×25 mm×1.5 mm 方钢管 1.18 kg)。

(1) 计算 1 m 长楼梯栏杆的型钢用量;

(2) 编制 1 m 长楼梯栏杆的工程量清单及其相应的综合单价。

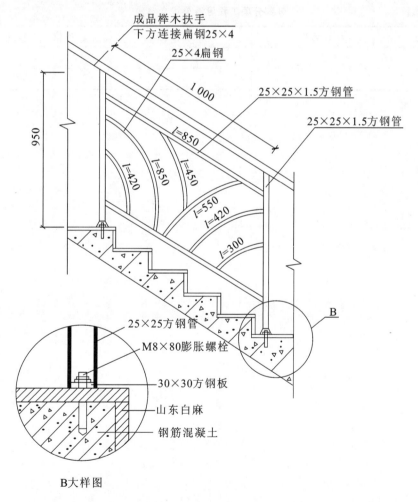

图 6 某餐厅楼梯栏杆

1 m 长楼梯栏杆的型钢用量

序号	名　称	单位	数量（列简要计算过程）
1	25×4 扁钢		
2	25×25×1.5 方管		
3			

套用计价表子目综合单价计算表

计价表编号	子目名称	单位	数量	综合单价（列简要计算过程）/元	合价/元
小计					

分部分项工程量清单综合单价

序号	项目编码	项目名称	项目特征	单位	数量	综合单价/元
1						

[1] 江苏省住房和城乡建设厅.江苏省建筑与装饰工程计价定额[M].南京:江苏凤凰科学技术出版社,2014.

[2] 江苏省建设工程管理总站.江苏省建设工程造价员资格考试大纲,2015.

[3] 江苏省建设工程管理总站.工程造价基础理论,2015.

[4] 江苏省建设工程管理总站.建筑及装饰工程技术与计价,2015.

[5] 李瑞锋.建筑装饰工程造价与招投标[M].上海:东方出版中心,2008.

[6] 李文得.建筑装饰工程概预算[M].北京:机械工业出版社,2009.

[7] 中华人民共和国建设部,中华人民共和国国家标准建设工程工程量清单计价规范 GB 50500—2008.

[8] 顾湘东.建筑装饰装修工程预算[M].长沙:湖南大学出版社,2007.

[9] 本书编委会.工程量清单计价编制与典型实例应用图解——装饰装修工程[M].北京:中国建材工业出版社,2007.